生物科学类本科教育教学管理
理论研究与实践

主　编　何素敏　崔隽　项辉

副主编　陆勇军

中山大学出版社
SUN YAT-SEN UNIVERSITY PRESS

·广州·

版权所有　翻印必究

图书在版编目（CIP）数据

生物科学类本科教育教学管理理论研究与实践/何素敏，崔隽，项辉主编；陆勇军副主编．—广州：中山大学出版社，2023.9

ISBN 978-7-306-07883-4

Ⅰ.①生…　Ⅱ.①何…　②崔…　③项…　④陆…　Ⅲ.①生命科学—教学管理—研究—高等学校　Ⅳ.①Q1-0

中国国家版本馆 CIP 数据核字（2023）第 150575 号

SHENGWUKEXUE LEI BENKE JIAOYU JIAOXUE GUANLI LILUN YANJIU YU SHIJIAN

出 版 人：王天琪

策划编辑：邓子华

责任编辑：邓子华

封面设计：曾　斌

封面绘图：何素敏

责任校对：丘彩霞

责任技编：靳晓虹

出版发行：中山大学出版社

电　　话：编辑部 020-84110283，84111996，84111997，84113349

　　　　　发行部 020-84111998，84111981，84111160

地　　址：广州市新港西路 135 号

邮　　编：510275　传　真：020-84036565

网　　址：http://www.zsup.com.cn　E-mail：zdcbs@mail.sysu.edu.cn

印 刷 者：广州市友盛彩印有限公司

规　　格：787 mm×1092 mm　1/16　8.375 印张　200 千字

版次印次：2023 年 9 月第 1 版　2023 年 9 月第 1 次印刷

定　　价：42.00 元

作者简介

何素敏

何素敏 硕士，助理研究员，中山大学生命科学学院本科教学教务部部长兼教学秘书，管理六级职员（副处级）。研究方向为高教管理。先后参与国家级教育教学改革项目2项、省级项目3项，主持校级项目7项。获校级教学成果奖3项。多次获中山大学优秀本科教务员奖。获中山大学生命科学学院"冯若莲奖教金""突出贡献奖"等。发表教学论文10多篇，获《高校生物学教学研究（电子版）》期刊"优秀论文奖"2项。

崔隽 博士，教授，博士研究生导师，中山大学生命科学学院副院长、中山大学生命科学学院生物化学系主任、基因功能与调控教育部重点实验室副主任、中山大学抗衰老研究中心主任、广东省免疫学会常务理事。获江苏省科学技术一等奖、第九届广东省教学成果一等奖、广东省科技进步一等奖和"广东青年五四奖章"提名奖。主要研究方向为固有免疫系统识别和调控、信号转导机制与疾病相关性。发表学术论文60余篇，主编专著1部。

崔隽

项 辉

项 辉 教授，博士研究生导师，中山大学第九届教学名师，2019—2023 届广东省生物科学类专业教学指导委员会秘书长。1983 年，进入中山大学生物系动物学专业学习，1993 年，获博士学位并留校工作。历任中山大学生物学系动物生理学教研室、中山大学生命科学学院生理学教研室主任、中山大学生理学与神经生物学研究室主任、中山大学生命科学学院生物科学与技术系副主任和中山大学生命科学学院主管教学副院长。长期负责中山大学生命科学学院生理学、神经生物学、生物学野外实习等本科生和研究生课程。主要研究方向是脑功能及分子机制。主持和参加国家科技部、省级自然科学基金项目近 20 项。发表在中文核心期刊的论文近 60 篇，SCI 收录期刊的论文 18 篇。获得授权发明专利 4 项。

陆勇军 博士，教授，博士研究生导师。担任教育部义务教育课程标准修订专家组成员，中国微生物学会基础微生物学专业委员会、分子生物学与生物工程分委员会和微生物资源分委员会委员，广东省保健协会肠道保健分会副主任委员，粤港澳肠道微生态学术联盟理事等。曾任中山大学生命科学学院副院长。长期从事生物技术学相关的理论和实验教学工作。主要从事细菌与宿主互作、肠道微生物组在疾病发生发展中的作

陆勇军

用机制、下一代益生菌研发和微生态制剂临床干预等研究。获 2006 年教育部宝钢教育奖（优秀教师奖）。获授权专利 23 项。发表研究论文 135 篇；主编《生物技术综合实验》教材，参编学科相关教材 3 部。

前　言

　　中山大学生命科学学院围绕"立德树人"的培养目标，以"强化基础、个性发展、塑造全人"为指导思想，实施"大本科"的人才培养，坚持学科与专业、本科教育与研究生教育、德育与智育、第二课堂与第一课堂、科研与教学五融合，保证课程教学质量与科研实践条件，为创新创业训练、暑期科研实习，以及各类大学生比赛提供平台。本学院在该目标引领下深化教学改革，进行理论和实践探索，内容涉及教学管理的方方面面。经过本学院的顶层设计，在本学院党委、教学指导委员会、教师引进与发展中心和教研室联合管理下，教学教务管理人员具体落实工作细节，在工作中不断总结和改革，对教学起到一定的监控管理作用，保证了工作的顺利进行。本书的内容涵盖教学计划、教师培训、教学运行管理、教学质量监控、实践教学、拔尖班培养、招生、学生项目管理及竞赛、评估和毕业生跟踪调查等，基本反映本学院近 20 年教学改革的成果与进展。希望本书的出版为中山大学进一步推进教学改革与建设提供理论和实践基础。

　　本书的出版得到中山大学生命科学学院及中山大学出版社的大力支持，在此谨致以衷心的感谢！

编　者

2022 年 8 月 28 日于康乐园

目　录

第一篇　生物学野外实习
——高校间交流共享的实践与探索

一、前言

生物学是一门实践性很强的科学，野外实习是必不可少的教学环节。作为生物科学专业的一门重要基础必修课，生物学野外实习使学生能够亲身体验、观察、识别自然界中不同类型的物种，了解它们的生物和生态学特性，学习生物标本采集与制作的技术，掌握生态系统调查和分析的方法。生物学野外实习既是课堂教学及实验教学的延伸和补充，又是理论与实践结合的重要手段（附录一）。生物学野外实习不仅锻炼学生的科研能力，陶冶他们热爱大自然的情操，还培养学生的专业兴趣、吃苦耐劳的精神和团队协作能力。

随着高校招生规模的扩大，生物学野外实习日益面临"资源、成本与安全"的问题。例如，生物学野外实习涉及的知识面很广，涵盖动物学、植物学、微生物学、生态学和分子生物学等多个学科，也涉及系统学、统计学、地理学和资源学等多方面的知识。高校的师资队伍各有专长。例如，一些高校具有较强的植物类的师资力量但缺少熟悉昆虫的教师；一些高校则相反。这会影响实习的质量。我国地大物博，南北东西跨度很大，拥有热带雨林、亚热带常绿阔叶林、落叶阔叶林、北方针叶林、草原、荒漠和青藏高原高寒植被，给高校野外实习提供极好的条件。然而，由于受地域条件、费用等因素的限制，高校只能就近进行实习，无法充分利用这种得天独厚的条件。高校间进行生物学野外实习实践教学的交流，一方面可相互学习、取长补短，提高组织和管理水平；另一方面可共享实习基地、师资力量，甚至资源库等，提高实习质量。这是缓解和克服上述问题的有效途径之一。近 10 年来，在国家基础学科人才培养基金——野外实践能力提高项目的支持下，中山大学一方面加强对生物学野外实习基地的软硬件建设，使实习条件得到明显改善，满足专业野外实践教学中不同环节的需要；另一方面通过实习交流，互派师生参加其他院校的野外实践教育，取得良好的效果。本文总结中山大学近年来开展跨校实习交流的经验，并对生物学野外实习共享平台的建设提出一些建议，希望对高校的野外实习项目建设有所裨益。

二、中山大学生物学野外实习简介

1. 实习基地

中山大学生物学野外实习基地主要有 3 个：黑石顶实习基地、大亚湾实习基地及珠海实习基地。

黑石顶实习基地位于广东省封开县黑石顶省级自然保护区，以中山大学教育部热带亚热带森林生态系统实验中心为依托，是中山大学生物学野外实习的主要基地之一。黑石顶省级自然保护区是目前广东省境内原始森林面积较大且保存得最好的地区之一，北回归线恰好从中穿过。黑石顶省级自然保护区属于南亚热带湿润季风气候，年平均气温为 19.6 ℃，雨量充沛，有明显干湿季变化。地势东南高西北低，海拔 100～928 m，地形起伏较大，沟谷纵横，形成明显垂直带谱，具有常绿阔叶林、针叶林、草甸等多种植被类型。温暖湿润的气候条件和独特的地形为生物的生长繁殖提供非常好的条件，区内生物多样性很高。据不完全调查，区内有藻类 9 科，大型真菌 31 科，苔藓、蕨类、裸子和被子植物 224 科，昆虫 988 种，鸟类 110 多种，脊椎动物 200 多种，其中多种是国家一级或二级保护物种。该基地现有实验楼、宿舍楼及餐厅各 1 栋，总面积 1 600 m²。中山大学先后投入近 1 000 万元以配置各类野外观测实验仪器，生活、教学和科研条件较好。

大亚湾实习基地位于深圳市大鹏半岛上，以南海水产研究所深圳试验基地为依托。大亚湾是中国南海的重要海湾，北靠海岸山脉，东西两侧分别为平海半岛与大鹏半岛，属于南亚热带海洋性季风气候。该基地选择杨梅坑、坝光滩涂、三门岛、大辣甲岛、大鹏半岛国家地质公园及深圳仙湖植物园作为野外考察点，并以大鹏半岛国家地质公园为主。该地有南亚热带典型的森林生态系统和沿海地区特有的红树林湿地生态系统。各类珍稀濒危植物有 66 种，其中的 17 种为起源于 2 亿多年前的国家一级、二级重点保护濒危植物，包括桫椤、金毛狗、毛茶、乌檀等。各种海洋滩涂动植物达 2 000 多种。海洋生物野外考察是这个实习基地的主要内容。

珠海实习基地位于珠海市唐家湾镇，三面环山，一面临海。生活和实验条件都以中山大学珠海校区为依托。实习基地有珠海淇澳-担杆岛省级自然保护区和中山五桂山森林公园等。其中，淇澳岛的红树林保护区拥有维管植物 695 种，野生动物 347 种，真红树植物 15 种，半红树植物 9 种。该保护区是中国三大候鸟迁徙路径之一，秋冬季栖息数以万计的候鸟，有 90 多种迁飞的候鸟。该保护区也是多种海洋生物栖息繁衍的良好场所。因此，珠海实习基地主要进行海洋动植物相关实习，包括浮游生物、鱼类、鸟类、昆虫、潮间带生物等。

2. 实习组织

中山大学本科生生物学野外实习安排在 7—8 月，实习时间为 2 周，内容包括植物、动物和生态学，指导教师达 30 多位，其中教授有 11～13 人。参加实习的学生包括中山大学生物科学大类学生、中山大学中山医学院八年制临床医学专业学生，以及与外校交换的学生，每年约 300 人。实习分别在黑石顶实习基地、大亚湾实习基地及珠海实习基地同时进行，每个实习基地约 100 人。这 3 个实习基地充分体现南热带、亚热带森林与海洋生态系统的特色，内容重点有所不同：黑石顶实习基地以高等陆生植物、昆虫及脊椎动物（包括两栖动物、爬行动物和鸟类）为主；大亚湾实习基地和珠海实习基地则以藻类、高等植物（特别是红树林植物）、浮游动物、鱼类、两栖动物和爬行动物（特别是潮间带动物）、鸟类和昆虫等为主。三个实习基地也会结合指导教师的科研内容开展一些相关的科研型实习小课题，如"黑石顶村落及农耕废弃地伴人植物研究""有毒植物断肠草根系毒性转移研究""黑石顶药用资源调查与有效成分分析""大亚湾坝光红树林底栖动物群落结构多样性研究""白蕉海鲈高产养殖技术模式调研""海洋环境生物修复及资源化利用"等。实习作为一门"寓教于研的动手实践课",应引导学生在学中研究,在研究中学,做到"点面结合",让学生在知识点上深入,在研究和实际应用面上拓宽知识。

三、野外实习交流

近年来,在国家自然科学基金委员会人才培养基金——中山大学生物学基地野外实践能力提高项目和教育部高等学校大学生校外实践教育基地建设项目的资助下,中山大学提倡实习模式多元化,通过"走出去"和"请进来"的互相结合,在生物学野外实习的教学实践中进行广泛的校际(甚至国际)交流,促进课程建设。

1. 与其他基地的交流

自1991年,国家先后在36所重点高校建立"国家理科生物学基础科学研究和教学人才培养基地"。基地间互派教师和学生参加野外实习,充分发挥各个基地生物多样性、自然资源和环境及师资力量的优势,为各高校培养人才,提高教师教学和管理水平。作为36所高校之一,中山大学一直按要求积极派出师生参加其他高校生物学基地组织的生物学野外实习。2014—2017年,中山大学共派出24名教师和60名学生到内蒙古大学、厦门大学、云南大学、中国农业大学、东北林业大学、兰州大学、武汉大学、陕西师范大学、浙江大学等建有实习基地的高校参加生物学野外实习(图1-1)。中山大学也接受兄弟院校"生物学基地"师生约70人来本校实习。多年来,中山大学生命科学学院均要求带队去外校实习的教师在每年的野外总结会上做情况汇报,介绍相关学校的实习情况,以互享经验,共同提高。

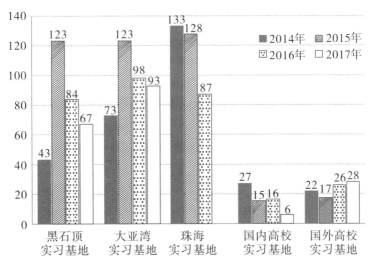

图1-1 2014—2017年中山大学生物学野外实习学生人数(含校际交流人数)统计

2. 与广东省内高校的共享

除积极参与各高校生物学基地组织的生物学野外实习外,中山大学还积极对其他没有生物学野外实习基地的兄弟院校,特别是广东省内的高校开放共享包括黑石顶实习基地在内的实习基地，起到外延共享和辐射作用。近几年，华南师范大学、暨南大学、广东第二师范学院、佛山科学技术学院和肇庆学院等均先后利用中山大学的黑石顶实习基地等开展生物学野外实习教学，从而提高实习基地的利用率，解决这些高校缺少野外实习基地的问题。中山大学还借助开放实习基地联合广东主要高校组织联合实习，共享师资，促进广东省内高校间生物学野外实习教学的交流。2014 年，中山大学生命科学学院组织并主持广东省高校生物学野外实习交流研讨会，吸引 8 个高校共 10 个学院的实习教师及主管院长（共 58 人）参加。各高校的教师分别介绍各自学校的野外实习情况及问题，对野外实习基地建设、实习内容、考试方式、资金问题、学生学习热情调动和学生成绩评定等开展研讨，达到良好的交流效果，为各高校进一步利用各自的优势，整合资源，实现基地条件和实践教学师资共享，共同服务于广东地区高校的生物学实践教学，提高生物学野外实习水平打下坚实的基础。

3. 与港澳台和外国高校的交流

随着中山大学"创建世界一流大学"战略的实施，中山大学的生物学野外实习课程也开启国际化进程，与港澳台和国外多所大学达成交流和合作协议。2014—2017 年，来自中国香港中文大学、俄罗斯莫斯科大学、瑞典乌普萨拉大学和美国北卡罗来纳大学的约 93 名师生参加中山大学的生物学野外实习。中山大学也对等地选派出相应数量的学生参加这些大学的生物学野外实习。这些交流活动既为教师间教学和科研合作创造条件，又拓宽学生的视野。参与的各方均反映收获很大，合作有望继续进行下去且规模（合作的大学数量和交流人数）有逐年扩大的趋势。

四、收获与成效

1. 基地建设

在相互交流的 17 所高校中，整个实习过程在 1 个实习基地完成的有 4 所，在 2 个实习基地完成的有 6 所，在 3 个以上实习基地完成的有 7 所。其中，内蒙古大学的实习基地最多，达 11 个。表 1-1 列出部分高校生物学野外实习基地概况。安排 2～3 个实习点的高校占大多数，这使实习能够涵盖森林、海洋等多种生态类型，有利于拓展学生见识，提高实习效果，同时也避免实习基地太多造成的交通、管理等方面费用过高的问题。高校实习基地具有共同点——有山有水，植被茂密，物种多样性高。于广东高校而言，濒海是天然的优势，到海滨实习和认识海洋生物显得比较易行和必要。

表 1-1　部分高校生物学野外实习基地概况

高校	实习基地
内蒙古大学	内蒙古旭日生物高技术股份有限公司、内蒙古锡林郭勒草原生态系统国家野外科学观测研究站、内蒙古金河生物科技股份有限公司、内蒙古自治区农业科学院、内蒙古河套酒业集团股份有限公司、内蒙古金宇集团股份有限公司、内蒙古蒙牛乳业（集团）股份有限公司、恩格贝绒山羊良种繁育示范基地、内蒙古达里诺尔国家级自然保护区、维信（内蒙古）羊绒集团有限公司实习基地、内蒙古赛罕乌拉国家级自然保护区
四川大学	峨眉山、卧龙国家级自然保护区、若尔盖县、九寨沟国家级自然保护区

续表1-1

高校	实习基地
华中农业大学	庐山（植物）
浙江大学	天目山、舟山市朱家尖（水生生态系统）、千岛湖（陆生生态系统）
武汉大学	武汉大学珞珈山校园、中国科学院武汉植物园、神农架林区、梁子湖（水生生态系统）
北京大学	烟台市（水生生态系统）、北京小龙门国家森林公园
东北林业大学	帽儿山、东北林业大学凉水实验林场（凉水国家级自然保护区）
中国科技大学	大别山、西双版纳（植物）
南京大学	天目山、皖南山区、江苏沿海地区、黄山等
南开大学	北戴河
陕西师范大学	秦岭
东北师范大学	长白山、辉南县、左家镇
兰州大学	天祝县、民勤县

在实习基地的选址方面，各高校均经过实地考察和认真考虑。实习基地既要体现所在区域特色，又要具有物种多样性和国家战略决策的区域特性，还要注重人文与环境教育。中山大学生物学野外实习基地的基地建设、资金来源体现中山大学和中山大学生命科学学院对野外实习项目的重视程度。干净清洁的宿舍不可少；卫生间的建设也要保障；网络可以让学生查找资料而更好地完成专题实习，因而也非常重要。

2. **实习的内容与组织**

动物学、植物学和生态学是大多数高校生物学野外实习的共同内容。但由于实习基地的植被差异，实习要求和内涵不一。各相关高校的野外实习内容不尽相同，一些高校结合自身实际开展一些特殊实习项目。例如，东北林业大学的保护生物学围绕凉水国家级自然保护区的我国最大原生红松林展开；陕西师范大学保护生物学考察的地点有陕西省珍稀野生动物抢救饲养研究中心、佛坪国家级自然保护区和汉中朱鹮国家级自然保护区，针对大熊猫、金丝猴和朱鹮等濒危动物的保护展开实习教学。在生物多样性锐减的当下，提高保护生物多样性的意识和能力非常重要，建议有条件的高校开展保护生物学这一野外实习专题。浙江大学和云南大学的野外实习中有一项特殊的专题——微生物学。例如，浙江大学以天目山为对象，采集和鉴定大型真菌，还采集土壤，用平板法培养土壤微生物。于实习基地在热带、亚热带的高校而言，菌类实习的天然资源丰富。中山大学黑石顶实习基地的大型真菌种类繁多，可以学习浙江大学和云南大学的经验，组织大型真菌鉴别实习专题。广州大学安排了学生参观珍珠贝育苗及插核技术，让学生树立产学研结合的意识。中山大学大亚湾实习基地可吸收广州大学的经验。各个高校实习内容丰富多彩，各有亮点，如果相互借鉴，各取所长，可以达到更好的效果。

3. 资源库建设

兰州大学、浙江大学、东北林业大学和东北师范大学等制作专门的野外实习网站，将野外实习小论文和经鉴定的动植物图片上传，便于学生学习。云南大学、东北师范大学等建有动物、植物资源库。这些资源库连接生物博物馆，对外开放。东北师范大学启动野外实习虚拟教学项目，如长白山鸟类野外实习虚拟实验，此法值得借鉴。近几年，中山大学也充分利用信息化技术，通过开设野外实习云课程、手机 App 辅导的交叉融合的实习方法，使学生学习起来更方便，效率更高。

4. 考核评价

考核评价可以检验和巩固学生的学习效果，提高学生的学习热情，是野外实习的重要内容之一。一般的考核评价包括植物标本创作制作及其鉴定、动物标本制作和观鸟记录、个人认种考核与实习总结。植物标本制作及其鉴定、动物标本制作和观鸟记录等这些小组考核作业能提升个人的团队协作能力，个人考核与实习总结等则体现个人水平。在与外校交流实习的时候，因为课程差异，外校学生的知识水平可能与本校学生的不同，那么考核的时候就应该因课程而异，制定不同的标准。除了以上考核方式，不少高校还增加了研究课题实习，要求以小组为单位写 1 篇研究性论文。这种论文专注于某个方面，有利于启发学生进行思考，培养学生的科研精神。例如，兰州大学研究性课题中的一篇（关于民勤地区喜鹊选巢影响因素）小论文就别具一格；中山大学学生在武汉大学做的《关于神农架地区蜘蛛网及蜘蛛结网行为的观察》短小而有趣。提前设置研究小课题并告知学生的院校有东北林业大学、中国农业大学、浙江大学、兰州大学和云南大学。中山大学在运作研究型实习时可吸收这些高校的经验，让学生在实习前先制订计划，以事半功倍。陕西师范大学的野外实习还要求学生通过走访当地农民等方式完成调查报告。

五、展望

近年来，国内外高校生物学野外实习校际交流逐渐增多，高校实习基地之间可相互开放，实现学生交换和师资共享。在实习校际交流过程中还有很多工作可做，这些工作可进一步提高我国生物学教学实践水平。

（1）专业教师加入校际交流，共享优质师资。各高校受教学上的特点和指导教师的学科局限，普遍师资数量不足，力量相对薄弱。各高校的实习教师队伍各不相同，有的高校偏向植物学方面实习，有的没有昆虫学教师，有的动物学方面的教师偏少。不少有经验的教师的年龄偏大，如何培养新老交替人才队伍值得思考。例如，中山大学近年来在腹足动物、真菌等领域就缺少熟练教师，而腹足动物在海洋动物中又占重要地位。中山大学这几年都要聘请外校教师，加强校际师资共享显得必要。2014 年，东北林业大学的野外实习队伍中没有昆虫学教师参与，这于想认识蝴蝶的学生而言实在是一种遗憾。草原上水体不少，但内蒙古大学缺乏水生生物学的教师。利用参与实习的其他高校教师的学科特长是解决实习中教师队伍不平衡的手段之一。例如，2014 年，兰州大学邀请西北大学昆虫学者去辅助昆虫教学。

（2）建立资源共享交流平台。各高校组织专业教师，针对有特色的实习基地采集、收集各种资料（包括生物种类及专业教师讲解的视频、图片及文字资料），建立各类资源的网络平台，共同编写实习图谱及实习指导手册，根据"资源共享、优势互补"的原则，向所有高校开放实习资源库。他们将各高校的野外实习情况公布在网站上，其内容包括野外实习的特色、内容、方法和要求等，让学生选择自己感兴趣的学校，同时也让他们更好地为野外实习做知识、物资和心理准备。

总之，各高校不同年级、不同生物类专业学生通过参加校际生物学野外交流实习，认识生物在不同生境的迥异，学生之间的交流增多。这些交流于在校的学生而言有重要作用，可使他们能够正确认识本校教学上的特点和不足。同时，教师间的交流也促进各高校在动物学、植物学和生态学的教学相长，各高校教师根据学科特点和专长也可以共同合作相关教学改革。通过校际交流共享，发挥高校各自的优势，弥补以往局部区域动植物种类少的不足。通过多校资源多样性分布和生态结构研究的野外资源调查系统，各高校可应用现代教育技术手段开展教学，开展创新实习研究项目，调动师生对课程的教学和研究的积极性和创造性。这为学生开阔生物学视野提供条件，也为学生的学习打下扎实的基础。

参考文献

[1] 方杰，韩德民，尹若春. 动物生物学实习教学模式的探索与实践 [J]. 大学教育，2014，（17）：101-103.

[2] 冯虎元，牛炳韬，张立勋，等. 生物学野外实习中学生综合素质培养的探索与实践：以兰州大学生物学野外实习为例 [J]. 高等理科教育. 2013，（3）：95-98.

[3] 冯虎元，徐鹏彬，陈强. 生物学野外实习视角下学生主观能动性的发挥 [J]. 高等理科教育，2011，（5）：117-120.

[4] 冯图. 地方本科高校生物科学专业野外综合实习模式构建 [J]. 大学教育，2013，（22）：97-99.

[5] 何素敏，陆勇军，廖文波，等. 高校间生物学野外实习交流共享的探索与实践 [J]. 高校生物学教学研究（电子版），2018，8（5）：6.

[6] 皮妍，林娟，朱厚泽，等. 野外实习与生命科学学科人才的培养 [J]. 实验室研究与探索，2011，30（4）：138-140；149.

[7] 王国强，丁洋，傅承新，等. 生物学野外实习教学体系的构建 [J]. 实验室研究与探索，2014，33（2）：222.

[8] 王国强，蒋德安，乔守怡，等. 生物学野外实习的探索与实践 [J]. 中国大学教学，2010，（6）：81-82.

[9] 项辉，廖文波，陆勇军，等. 中山大学"生物学野外实习"课程的现状和发展趋势 [J]. 高校生物学教学研究（电子版），2015，5（1）：36-40.

[10] 于建川，关佳佳，李娇月. 国外本科实践教学经验与启示 [J]. 黑龙江教育（高教研究与评估），2011，（4）：71-73.

[11] 张恩，张珂. 教学研究与实践：教师论文集 [M]. 广州：中山大学出版社，2014：542-543.

[12] 张会杰. 本科实践教学研究现状及启示 [J]. 大学（学术版），2012，（2）：42-47.

[13] 张玉平，秦惠洁，黄振宝. 浅谈研究型大学的本科实践教学体系 [J]. 实验室研究与探索，2005，（3）：62-65.

第二篇　全人培养，专业有成

——大类培养模式下生物科学类专业课程体系设计

近 20 年来，对人类影响巨大的生命科学成果不断涌现。同时，日益成熟的基因组、蛋白质组、合成生物学技术及干细胞等关键技术的快速发展，推动生物技术产业不断成熟，使其成为 21 世纪重要的产业，深刻地改变人类的医疗卫生、农业、食品、能源和环境等。生命科学表现与各学科渗透融合的趋势。尽管世界各国对先进科学与高技术领域范围的界定不完全相同，但几乎无一例外地将生物科学和生物技术作为重点发展领域，使其成为先进科学与高技术竞争的热点。人才显然是决定竞争胜负的关键。如何培养适应未来生命科学研究和产业需求的综合型、创新型人才，是摆在教育工作者面前的重要任务。虽然人才培养是一个涉及多方面的系统工程，但于教学角度而言，良好的课程体系显然是实现培养目标的基础。

课程体系是指学校规定的某一专业毕业生须修学的课程门类、要求及顺序，是教学内容和进程的总和。课程体系是教学活动的指导思想，是培养目标的具体化和依托，主要由教学理念、课程目标、课程内容、课程结构和课程活动方式所组成。大类招生和培养是国际顶尖大学的培养模式，我国在这方面也进行了不少探索。这些研究成果对中山大学生命科学学院制定课程体系有很好的参考价值。

中山大学生命科学学院成立于 1991 年，其前身为 1924 年建校伊始成立的生物学系，是生物学国家一级重点学科单位。该学院现有正教授 83 人，近几年来年均科研经费达 1 亿多元。该学院拥有 1 个国家级实验教学示范中心和 2 个国家级教学基地，并建有黑石顶森林生态系统研究中心等 18 个校外教学科研基地，教学条件优越。近年来，为适应现代生命科学发展对人才的需求，该学院进行大类招生和培养的本科教学改革，将原有的生物科学、生物技术、生态学和生物工程这 4 个专业以"生物科学类"统一进行招生，在一年级或二年级时对学生按"宽口径、重基础"的目标进行统一培养，从三年级开始按"强能力"的目标进行专业差异化培养。即三年级时，学生将根据各自的专业需求、专业兴趣和学业成绩，被分流进入各专业。为建成与大类培养模式相应的教学体系，该学院按照教育部高等学校生物科学类专业教学指导委员会制定的专业规范要求和学科发展的方向，及将大类培养的目标、学院科研特色和优势方向、国家和地方对人才的需求及学生毕业去向作为制定专业培养目标的依据，并比较国内外同类高校的教学体系，设计了"平台+模块"的课程结构体系。本文就该体系设置的过程和相关做法给予介绍。

一、生物科学大类专业课程体系建设的目标、依据及原则

中山大学生物科学类专业本科人才的培养目标为：①德、智、体、美全面发展，具有扎实的数、理、化相关理科基础；②专业基础厚实，熟练掌握生命科学研究的方法、实验技术和规范；③有良好科学作风、科学素养、人文素质和国际视野，具有实事求是、独立思考和勇于创新的精神；④能够胜任生命学科及其相关专业的教学、科研和科技开发工作，具有可持续发展的潜能，具备跨学科研究和应用的能力，在21世纪生物科学与生物技术发展中起到中坚作用。

为实现以上目标，中山大学生命科学学院确立课程体系建设的原则，即"厚基础，宽口径，保证主干，丰富选修，突出实践"。同时，为了保持人才培养规格及课程体系设计与该学院人才培养整体定位一致，该学院教务部还依据以下五点开展课程体系的具体设置：①国家和社会发展需要。根据《珠江三角洲地区改革发展规划纲要（2008—2020年）》提出的大力发展高技术产业，重点发展生物产业，生物领域大力发展生物医学、生物育种等产业的目标，培养生物科学和技术产业的后备人才。②结合该学院生命科学学科雄厚的科研力量，以及服务社会能力较强的特点，明确各专业的主要培养方向，以满足国家及地方发展的人才需要。③学科发展和学生就业现状。一方面，生命科学的高速发展需要越来越多的高级专门研究人才；另一方面，就业市场的趋于饱和及学生专业思想的改变又让一部分学生毕业后从事与所学专业无关的工作。例如，毕业生保研和出国比例占50%以上（2012届的占65%；2013届的约占50%，其中出国留学的约占21%），2013届学生的初次就业率为85.5%（包括继续深造学习的）。因此，课程体系的设置必须兼顾两者。为此，该学院教务部设置应用相关的选修课程供学生选修。④生物学大类招生和培养的需要。适应生物学大类招生改革的需要，制订生物学大类培养计划。公共专业必修课按大类课程设置，使学生建立宽厚的学科知识基础，同时设置专业限选课程以体现专业特色、夯实专业知识基础。⑤学校在学制上的改革。利用中山大学三学期制中的短学期，设置实践教学和教学实习课程。

二、体现"厚基础，宽口径，强化主干课程"的"平台+模块"课程结构体系

采用"平台+模块"课程结构体系，"平台"主要由公共选修课、公共必修课和专业必修课（包括数理化课程、学科大类基础课和专业核心课）构成，专业核心必修课包括植物学、动物学、生物化学、微生物学、细胞生物学、遗传学和生物技术综合实验等，都是校级或以上的精品课程，均以教学团队的形式进行教学，课程负责人都是正教授。"模块"则以选修课为主，按专业定位来决定课程设置。课程整体结构含两大部分：一是以通识教育为主的公共课程板块，类型上包括公共必修课和公共选修课；二是专业课程板块，包括数理化课程、学科大类基础必修课、专业核心必修课和专业选修课，反映专业最基本、最核心知识和特色的内容。课程体系充分显示素质教育和专业课程的有机结合，同时体现"厚基础、宽口径、强化主干课程"的"平台+模块"课程结构体系特点（图2-1）。

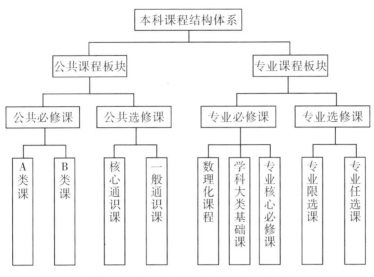

图 2-1 "平台+模块"课程结构体系

公共必修课分 A 类课和 B 类课，侧重对学生基本素质和能力的培养。A 类公共必修课涵盖政治、英语、体育、军事理论、形势与政策、就业指导；B 类公共必修课有大学语文，由各院系按专业培养需要进行选择。公共选修课共计 16 个学分，分为核心通识课和一般通识课两类，由中山大学教务部统一开设和管理。核心通识课由中山大学教务部从全校开设的选修课中遴选出来，其目的是增强本科生的人文素养和国际视野等，根据课程内容分为"中国文明"、"人文基础与经典阅读"、"全球视野"和"科技、经济、社会"这 4 个模块，其中"中国文明"模块至少占 4 个学分，其他 3 个模块至少各占 2 个学分。

专业课程约 100 个学分，占总学分的 2/3，由必修、限选和任选三类课程组成。专业必修课力求涵盖生命科学理论的核心知识，主要包括数理化课程、学科大类基础必修课和专业核心必修课三大部分。掌握扎实的数理化知识是学好生物学的前提之一。这部分的课程设置包括高等数学二（理工类Ⅰ和理工类Ⅱ）、普通化学及实验、物理学及实验、有机化学及实验共 8 门课程（共 24 个学分），占专业课程学分的 1/4。学科大类基础必修课则包括动物学、植物学、微生物学、生物化学、细胞生物学、遗传学和生态学等理论课和实验课，以及生物学野外实习和毕业论文。最后是专业核心必修。根据培养需要保留植物生理学和动物生理学理论课以作为生物科学专业的必修课程，生物技术学和生物技术综合实验课为生物技术、生物工程专业的必修课程，保证了主干生物学课程知识从结构到功能的完整性。

三、设置富有特色的选修课程

如果说必修课是"因需而设"，那么选修课就倾向于"因人而设"了，也就是根据各专业特色，鼓励教师基于科研方向设置课程。专业选修课分为专业限选课程和专业任选课程 2 个大的模块，一般每门课计 2 个学分。①专业限选课程均是本专业开设时间长、对学生有吸引力的课程，让学生在掌握基本理论和基本技能的基础上，拓宽和加深专业知识。各专业课程的数量在 10 门以上，要求学生至少选修 15 个学分。②专业任选课程根据专业特色和学院优势科研方向设置成 3 个次一级模块，以满足学生不同兴趣的需要。模块 1 主要包括深化、系统学习植物学、动物学及生态学等领域的课程，模块 2 包括生物化学、分子生物学等理论课程及生物技术领域的课程，而模块 3 主要是小学期实践和实验技能系列课程。

四、寓学于研，突出实践

实践教学是实施大类培养的重要环节之一，"寓学于研"是近年中山大学生命科学学院践行的教学理念。2011 级大类培养教学计划开展以来，实践教学课程和学时大大增加。据统计，2012 级生物科学和生物技术专业实践教学学分为 425 个学分，占总学分的 27.5%；实践教学学时为 1 530 学时，占总学时的 53%。学生参加完生物学野外实习后，可在小学期和暑假参加后续的专题实习课程。除必修课开设单独的实验课外，部分专业选修课也与课外实习相结合。

中山大学生命科学学院鼓励学生早日进入实验室以体会并参与教师的科研活动。体现在课程上，除以上专题实习课程外，还通过设置实验技能系列课程来实现。实验技能系列课程由教师或学生提出研究课题，学生科研小组进入教师实验室开展科研训练。一般计 1 个学分，主要在短学期开设，但课题可延伸至整个大学学习阶段直至完成毕业论文。同时，中山大学生命科学学院还积极扶持和组建各类本科生科研兴趣小组，如"湿地使者"、"濒危野生动物保护"、"滇金丝猴项目"及"国际基因工程机器大赛"（International Genetically Engineered Machine Competition，iGEM）等；并设立相应项目，给科研活动以经费支持，项目完成者可获得实践技能课的学分。2012—2015 年，中山大学生命科学学院从国家及省各级有关部门争取到的学生实践项目经费达 1 200 多万元，为学生科研活动的开展提供保障。兴趣小组的建立大大激发和调动学生的专业兴趣和学习积极性，并取得突出成绩。

五、课程体系的主要特色

在课程体系设置研究过程中，中山大学生命科学学院参考国内外同类高校相关院系的课程设置。所设置课程与这些大学的相比，既有共同点，又自有特色，主要包括以下七方面内容：①所设置的课程具系统性，体现"重基础，重创新"的特点。专业必修课涵盖生命科学从分子到整体各层次的内容，也强调动物学、植物学和生态学的学习，因此，本专业学生的知识面比较宽，这点尤其与国外学校不同。②专业选修课的设置与本院教师优势科研方向密切相关。中山大学生命科学学院学科分布较广泛，教师人数达 160 人以上，各位教师在各自的研究方向上形成自己的研究特色。在课程设置过程中，中山大学生命科学学院充分考虑并利用这种特色，以加深本科专业教学内容，并为学生的科研兴趣提供更多的选择。③根据华南生物资源特色，以及国家和地方社会发展需求，在课程体系上设置了部分偏向社会应用的任选课程，如环境与食品安全方向的选修课、病害与生物控制方向的选修课等。④开设课程要求注重基础与前沿结合、增加学科交叉课程。⑤各专业在不同的模块中设置了系列课程，加入专业核心特色课（即专业限选课），充分显示专业学位课程要求。⑥在三、四年级开设反映学科发展、突出中山大学生命科学学院院科研优势、结合国家或地方需求的专业选修课。⑦课程按模块设置，有利于满足学生专业兴趣和就业需求。

六、展望

"大类培养"作为一种人才培养模式，其培养方案的设计研究在国内外已有不少报道和实践。本方案经过 4 年实践，取得一些经验。但新的事物在前进中总会遇到不少困难，大类培养改革亦然。在大类培养模式的实践过程中，出现不少新旧模式过渡的问题。例如，选修课开设过多，导致学生可选择的课太多，学生退课情况比较严重，也给老师带来竞争压力；又如，考虑到每年就业和考研等因素，四年级课程偏少；高质量的课堂教学是实现教学目标的基础和根本，而目前的选修课质量良莠不齐，考核难度偏低是一种普遍的现象，也使学生敢于同时修过多课程，最终导致教学质量的下降。因此，未来应在进一步优化课程设置、创新教学方式、引导课程从"量"向"质"的转变等方面深入探讨，不断完善教学体系，实现本科教育的培养目标。

致谢：本工作获得国家自然科学基金委员会人才培养基金"科研训练与能力提高项目"（No. J1310025）和中山大学本科教学改革研究项目的资助。

参考文献

[1] 何素敏，项辉，辛国荣，等. 全人培养、专业有成：大类培养模式下生物科学类专业课程体系设计 [J]. 高校生物学教学研究（电子版），2015，5（2）：11-14.

[2] 黄兆信. 大学本科大类培养模式之构建 [J]. 教育评论，2005，（2）：11-13.

[3] 黄兆信. 大类招生：现代大学人才培养趋势 [J]. 中国高教研究，2004，（2）：45-47.

[4] 李斌，罗赣虹. 高校大类招生：精英教育的一种推进模式 [J]. 大学教育科学，2012，（5）：11-16.

[5] 许春英，高志强. 基于大类招生培养模式的人才培养方案优化设计 [J]. 当代教育论坛（管理研究），2010，（11）：59-60.

[6] 谢桂红，颜洽茂，金娟琴. 强化通识教育　推进大类培养 [J]. 中国大学教学，2008，（3）：71-73.

[7] 杨凤华，陆建新. 大类招生模式下"平台+模块"课程体系的构建 [J]. 中国农业教育，2007，（4）：49-50.

[8] 鄢晓. 研究型大学本科生人才培养质量研究：从课程体系的视角 [J]. 现代教育管理，2014，（2）：69-74.

[9] 西安交通大学教务部. 拓宽专业按大类培养人才 [J]. 教学与教材研究，1995，（6）：19-20.

第三篇　多校区高校教学教务程序化管理的探索与实践

教学教务管理是高校管理的重要工作之一，直接关系教学工作能否有序、高效地开展。多校区大学由于校区分散，教务管理工作比单一校区大学要复杂得多。自2005年，中山大学生命科学学院为了提高教学管理的效率和质量，保证教学工作的顺利开展，成立本科教学教务部，负责本科教学管理，包括本科教学评估、学籍管理、排课、评教、教改项目申报、考试安排、毕业论文管理、教师工作量核算等。另外，该学院还通过多年的教务管理，对管理过程中存在的一些问题进行分析总结，提出：利用程序化教务管理不仅可使烦琐的工作变得更为规范化，而且还可以在多校区复杂的环境中提高管理效率，更好地为广大师生服务。在不断更新教学管理观念、完善教学管理方法，提高教务管理人员水平的同时，该学院力求通过不断的探索与实践，为该学院教学教务管理的进一步加强和新型教学管理模式的形成做出努力。

一、高校多校区带来的教务管理问题

据了解，我国50%以上的本科院校是多校区大学。多校区化出现的时间比较短，没有成熟的模式可借鉴。我国多校区高校的教务管理普遍存在效率不高等问题，急需在理论上探讨、规范，在实践中检验、完善。由于扩招和响应政策的号召，2000年始，中山大学陆续分为3个校区、5个校园。

多校区化后，在教学管理上，中山大学积极探讨教育传统与新建校区的教育创新融合。采取一系列措施解决多校区化过程中出现的问题，取得一定的成效。例如，将珠海校区基础教学实验中心和广州校区东校园的东校区教学实验中心合并为公共实验教学中心，进行统一管理，实现教学设施的充分利用和跨院系共享；充分利用网络资源开发新的教务系统，该系统包括学籍管理、注册、选课、排课、成绩查询、评教、四六级报名、教学工作量等模块，在3个校区都使用同一系统，方便学生和教职工随时保持动态联系、查找资料等。

在多校区化的过程中，中山大学对各个校区均采用延伸式管理模式，即中山大学教务部通过各科室对各校区的教务办或院系教务管理人员实行统一管理，分校区设立的教务办只对本校区内各单位之间的关系起到有限的协调而不是领导作用。该管理模式在多校区建设的初期，即以各个校区的融合为首要任务的时期比较合适，有利于中山大学最高管理层统揽全局，统筹兼顾，统一配置各校区的资源，有利于各校区协调发展；有利于增强各校区师生对大学的归属感和认同感，实现深度融合。但是，在多校区建设完成后，该模式的弊端渐显：各校区或院系部门自身缺乏发展的动力；管理幅度大，成本高，效率较低，缺乏可操作程序，等等。

1. 多校区行政部门之间要理顺关系，必须注重程序管理

校总部和分校区部门重复设置，分工过细，职责不清，使协调困难、扯皮推诿，降低行政效率。在实际工作中，常出现各校区或校院之间工作职责不清的现象，遇到问题互相推诿，像"踢皮球"似的，使下面的办事人员或师生无所适从，浪费时间和精力后还没解决好问题。有的事务，几个部门都管；有的事务，哪个部门都不管；本应由几个部门协调解决的问题，总也协调不好。这种状况在校总部和分校区之间或各院系部门都有，在校际、院际尤为严重。在各个分校区，随着新校区规模的扩大和学生人数的增加，相应职能部门的管理工作量不断增加，但人员力量却跟不上发展。因此，高校多校区引起的管理困难，促使我们更要理顺关系，注重程序的管理。

2. 多校区教务管理变得更复杂，办事程序有待进一步优化

以前教室的灯坏了要更换，需要 8 个部门盖章方可。这说明部门之多，办事程序之复杂。由于学生扩招，课室不够用（特别是东校园）。根据教师所反映的，多媒体设备经常出问题，但很难解决。校区增多后，校区的管理变得更复杂。有的事务在单校区时可当场解决，多校区后就费时费力了。例如，广州校区南校园的教务员通知不同校区的学生需要更多的时间，安排监考员也要找别的部门的老师协调，等等。如何提高效率，寻找更快捷的管理方式是目前多校区教务管理亟待解决的问题。目前，由于教务部等部门在广州校区东校园，而部分学院教务员在广州校区南校园，一些学院的一、二年级学生在珠海校区，所用文件、资料等往往要辗转于各个校区之间，浪费时间，缺乏效率。中山大学教务部或学生处所要资料有时很紧急，要求学院或学生在几个小时内完成。交换信件往往来不及，只能在当天亲自送去广州校区东校园交差。这些都说明中山大学的办事程序还有待优化。在办事过程管理上，希望能形成新的"办事流程"规则，从根本上对程序或流程进行系统思考与重新设计，以提高多校区管理绩效。

3. 扩招后，教务管理人员严重缺少，更需制定一系列可操作的管理程序

多校区化后，由于扩招，中山大学生命科学学院由原来 10 年前的 300 多名学生变为 1 600 多名本科生（包括托管学生），教务管理变得更繁忙。虽然学生分布在不同的校区和校园，但原来只有 1 个校区时"1 个学院配 1 位教务员"的模式还没有改变，现在多个校区办学也是由 1 位教务员负责管理整个学院。1 位教务员同时要顾及不同校区的教务管理，如果没有一定可操作的教务管理程序，教务管理将变得无法再适应当前教学改革的需要。中山大学各学院的学生工作部门规定每 500 名学生需要配 1 名辅导员；相比之下，1 个学院只配 1 名教务员，负责 1 000～2 000 名学生，教务员人力不足。

二、高校多校区教学教务实行程序管理的必要性

学校的主要任务是培养人才，最基本的活动是教学。教学活动除教师的直接施教外，还有赖于各教学部门的组织和管理，使教学工作有序地进行。只有管理才能实现特定的目标，只有管理才能动员和配置有效资源，只有管理才能认真做好计划、组织、领导和控制等各个环节。因此，学校治理关乎教育成败。教学管理为学校管理的中心环节之一。只有抓好教学管理，才能开创教学工作的新局面。而管理程序化是将管理活动规范化、标准化的过程。程序是实践经验的总结。按照程序办事，有利于协调上下级和各院系之间的行动以弥补个人才智的不足，更有利于提高工作效率。

　　凡事都有程序。正是程序决定法治与随意的人治之间的基本区别。《辞海》把"程序"解释为"按时间先后或依法安排的工作步骤"。一般而言，行政主体的行政管理通过行政行为实现，而行政行为必须通过一定的程序才能达到预期目的，因此，行政行为实质上由内容和形式（即程序）构成。行政程序是行政在空间和时间上的表现形式。从具体形态上看，程序由相应的具体方式、步骤和次序构成，在一定的时限内实现其内容，是一种行为的存在形式，没有无程序的行为，也没有无行为的程序。在抽象意义上，行政程序是行政行为自始至终的过程。

　　那么高校的教学管理体制和机构是什么？一般而言，高等教育教学管理主要是校长、教务部、各系科和基层教学科室相结合的多层次管理。学校教务部和各院系之间既是一种行政性或指导性关系，又是一种协调性关系。而学院本科教学教务部门具有完成学校教务部交给的各项任务和配合领导组织好本学院教学相关改革的职能，承担学生学籍管理、教务考务、教学研究、教学实践、课程建设、教学评估等有关教学教务管理工作。这种上下层级之间的管理就存在一定办事程序。

三、在实践工作中采用程序化管理，使复杂、烦琐的教务工作变得更有序和规范

　　教学教务工作烦琐且具有较多的重复性工作，是一项极其复杂的系统工程。为了使管理活动更规范和有序，有些具体工作经过细化后，已形成比较规范的办事流程。例如，学籍管理和教学过程管理的各类办事流程，像注册、休学、复学、退学、转专业、副修、双专业、补办学生证、申请缓考、毕业论文的流程等。流程化管理的一个主要特点，就是使管理过程和操作程序规范化、简约化及具有一致性、可控性，是组织或系统实现其管理既定目标的有效手段，尤其是于一个复杂的系统而言，流程化是系统管理的最有效手段。

1. 学生注册程序和课程开课、选课（专业选修课）程序

　　学生注册程序（图3-1）和课程开课、选课（专业选修课）程序（图3-2）简明扼要地描述工作的每道程序及其先后次序，确定重点与关键环节，对关键环节进行认真的分析和设计。其分析的工具主要是业务流程图和程序说明。

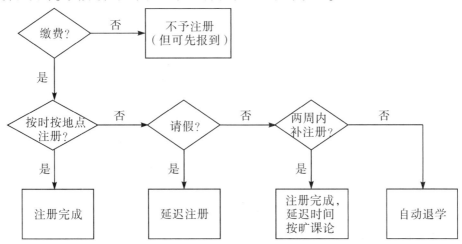

图3-1　学生注册程序

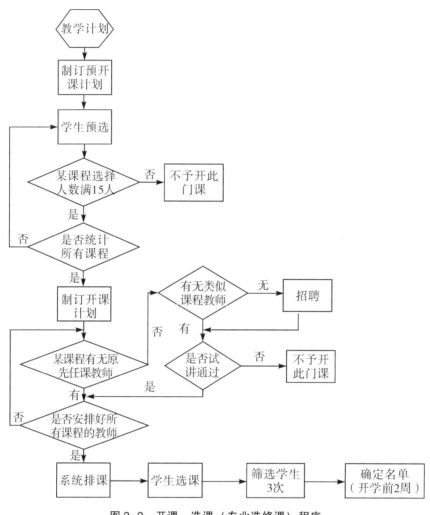

图 3-2 开课、选课（专业选修课）程序

2. 总办事规则

于总的办事规则而言，中山大学生命科学学院经过几年来的教务管理实践工作，已逐渐形成较规范的教务管理办事程序。

（1）申请阶段。学生可在中山大学生命科学学院网上直接下载各类申请表，如请假表，学籍变动表，缓（重考）考申请表，调、停课审批表，项目申请表，项目结题表，到外单位或外国进行毕业实习申请表等。

（2）受理阶段。学生填好表格后，要求表格一定要有申请者亲笔签名。个别表格需要家长签名，如学籍变动表和出国实习申请表等。而请假表和调停课审批表一定要附带医院证明或特殊事由、通知等证明。然后学生将申请表交院办教学教务部，相关工作人员要认真检查申请是否有效，相关说明是否符合要求等。

（3）审批阶段。主管教学副院长审查后，做出同意或不同意的决定。审批时间一般约 5 个工作日。最后，中山大学生命科学学院把需要报上级主管部门的申请再送学校教务部等部门审批。

形成这样的习惯后，教师或学生直接找主管领导的情况少了。有了具体的办事程序，相关部门的工作人员也不用花费太多的时间和精力给他们解释，这样工作效率就大大提高。

然而，在工作中，教务人员常常会遇到各种各样的问题。这些问题的出现，在一定程度上影响教学工作的进程，因而这些问题不应该被忽视。产生这些问题的原因很多，分析起来，没有按照一定的程序办事是主要原因之一。多年来的实践经验证明，办事有特定的客观规律。按照这个客观规律（即一定的程序）去办事，就可以"多快好省"；反之，就会适得其反。

近年来，学生与外界接触的范围增大，学生到外单位或到国外学习的机会增加了。一些学生在大四毕业前就已经与外单位或国外相关学校或科研单位联系，希望在最后一学期到外单位或国外实习、做毕业论文的学生也增加了。鉴于这种新情况的出现，中山大学生命科学学院考虑到学生的安全问题和外单位接受学生完成毕业论文的问题，专门设计了给这类学生的申请表，要求学生填写申请表时不仅要有学生的承诺签名、家长的同意签名，还要附上对方单位接受本科毕业生毕业实习的函（包括单位盖章或导师签名的保证书）。

这些事例都说明教务人员还有责任进一步跟学生做好宣传工作。中山大学生命科学学院已制作10多种不同的简易办事流程图，发布在该学院的教学网上，并且已将流程图和办事程序编成小册子，发给师生。同时，在学生刚开学时该学院就做好宣传工作，以PPT的演讲形式向学生讲解将来在学习中所需要注意的事项，以便学生从一入学就有这些办事流程的意识。

四、展望

在办事过程中，认真执行行政程序，有利于教务人员提高工作效率，尽量做到符合公平、公正、民主和法治的原则。教学管理流程化作为现代教育管理的先进思想和有效工具，将随着市场环境与组织模式的变化，在以计算机网络为基础的现代信息化社会背景下越发显示其威力和效用。中山大学新的教务系统增加了不少新的功能，减轻教务人员的工作压力。也建议软件公司能给每个使用者1本用户手册（含操作流程等）。该用户手册还可以将注册、选课、排课、毕业资格审查等事项分别做成操作流程，让管理程序与教务系统紧密联系，让使用者都知道使用流程。这样，教务系统显得更科学和人性化。为此，教务人员要尽快实现教学管理的现代化流程管理，做到与时俱进，进一步保证教学管理的质量。如何更合理地制定和完善教学管理程序，还需要不断实践和探索。教务人员今后宜做到：①认真宣传好进行办事程序工作的意义；②尽量使程序设计合理化；③进一步完善管理制度，使管理有法可依、有章可循。

参考文献

[1] 陈方斌. 教学管理流程化：一个不可或缺的管理原则 [J]. 科技资讯，2007，(3)：135.

［2］邓和. 教学管理概说［J］. 成都体育学院学报，1983，（3）：7-11.

［3］何素敏，黄俊. 多校区高校教学教务程序化管理的探索与实践［M］//中山大学教务部. 教学研究与实践：教师论文集. 广州：中山大学出版社，2010：467-480.

［4］刘毅，梁晓君，郎玉屏. 多校区大学教学管理研究［J］. 西南民族大学学报（人文社会科学版），2004，25（8）：323-327.

［5］BOWER M. The will to manage：corporate success through programmed management［M］. New York：McGraw-Hill Book Compauy，1966.

第四篇　实行试讲择优聘用任课教师制度，提高教学质量

学校的主要任务是培养人才，最基本的活动是教学。教师队伍的质量是影响教学效果的重要因素之一。选择教学水平高、责任心强的教师到一线教学队伍中，建设一支高水平的教师队伍是提高教学质量的关键。过去，任课教师通常是由系主任或原任课教师推荐或个人自荐的方法产生，没有一个科学系统的选择聘用制度。2003 年始，中山大学生命科学学院为了提高教师的教学水平、保证教学质量，对任课教师实行网上公开招聘，通过试讲择优选用的方法，取得较好的效果。现简述该制度建立的背景、具体措施和效果。

一、试讲制度提出及建立的背景

中山大学生命科学学院是一个比较典型的研究型学院，拥有国家生物学一级重点学科、国家重点实验室，承担多个国家重点基础研究发展计划（973 计划）、国家高技术研究发展计划（863 计划）以及国家自然科学基金重点项目等研究课题，科研力量雄厚。以科研水平突出为特点的教师比较多，很多教师有丰富的指导研究生的经验，但上本科生课程的教师较少，有的甚至没上过本科生课程。近年来，随着教学改革的深入，为进一步提高教学质量，教育部提出高校教师必须上本科生课程的要求。很多原来主要从事科研工作，没有承担过教学任务的教师响应教育部的号召，加入本科教学的队伍中，使本科教学的力量大大加强。但是，对教学效果进行学生问卷调查的结果显示，学生对部分首次上课的教师（特别是青年教师）的满意度较低。原因是这些教师虽然有丰富的理论知识和较高的科研水平，但没有从事过本科理论课的教学，缺乏上课经验，在教学方法和教学效果两项中得分较少，导致教学质量下降，学生反映强烈。为了适应新形势下教学改革的高要求，保证教学质量，中山大学生命科学学院经过研究讨论，决定无论是特聘教授、引进人才，还是博士研究生导师，凡未上过本科生课程或开设新课程的，在开课前都必须进行试讲，试讲合格的才能开课（附录二）。

二、试讲的安排

在每个学期期末安排下一学期的课程前，中山大学生命科学学院教务部根据教学计划，在网上公布需要招聘教师的课程名称及要求。符合条件、要求上课的教师向中山大学生命科学学院提出任课申请，中山大学生命科学学院再组织安排提出申请的教师进行试讲。试讲时间为每位教师 30 min；试讲内容中，理论课为课本第一章绪论部分，实验课为选取 1 个实验。试讲评议组由 5～7 名有丰富教学经验、熟悉相关课程的教师、教

学督导和相关领导组成。从中被推选的一人作为组长，主持整个试讲过程。每位教师试讲后，评议组对试讲者进行 10～15 min 的提问，对试讲效果做出评述并提出改进的意见和建议。每位评议组成员对试讲教师的仪态、备课、授课、教学方法和课件等方面进行评分。评分分为优（100～85 分）、良（84～75 分）、可（74～60 分）、差（59～0 分）共 4 个等级。中山大学生命科学学院教学秘书收回评分表，统计出各个项目的平均分和总平均分，然后将结果上报中山大学生命科学学院。为了保存好资料，中山大学生命科学学院对部分试讲过程做了现场录像，试讲教师的 PPT 也被收集存档。最后中山大学生命科学学院教学指导委员会和相关领导开会，根据试讲的结果决定聘请哪些教师上课。中山大学生命科学学院还根据试讲过程中发现的问题，有针对性地组织任课教师进行培训。例如，组织有需要的任课教师参加名师示范教学讲座，跟班听课，学习教学方法等。

三、试讲效果

中山大学生命科学学院已组织 16 批次、60 门课程开展。82 位教师进行试讲。试讲者包括第一次上本科生新课程的教授 15 人，副教授 25 人，其余是讲师和助教。其中，5 人次的首次试讲没有通过。但这几位教师经过一段时间的进修学习后，在随后的试讲中都顺利通过了，一些教师还以较高的分数通过。参加试讲的教师普遍觉得中山大学生命科学学院的试讲安排得非常好，对提高他们的讲课水平有很大帮助。

试讲可提高教学质量：

（1）在试讲过程能发现一些在教学方法或拟讲授的内容等方面存在的严重问题，以及不适合马上上讲台的教师，避免这些教师在解决这些问题前开课所带来的问题。

（2）试讲评议组的教师有丰富的教学经验，了解相关课程的基本内容和教学特点，在评述时能够比较准确地指出试讲者存在的不足之处并提出改进意见，供试讲者参考，这对提高试讲者的教学水平有很大的帮助。例如，某位教师虽然知识丰富，但不善于口头表达，试讲时太紧张，讲课语速太快，讲授重点不够突出。然而经过评委们的点评后，这位教师在下学期试讲另一门课时，讲述得有条有理，突出重点，得到较高的分数。某位教授在试讲时采用适用于研究生课程的案例讨论式的教学方法，试讲评议组及时地指出其教学方法不适合本科生——对本科生的教学主要以掌握基础理论的教学为主。而且本科生为大班上课，与研究生教学有所不同，这避免了因教学方法不适宜而产生的问题。

（3）试讲不但可以反映试讲者的教学方式、知识水平和口头表达能力，还大致反映试讲者将来拟讲授的主要内容。试讲评议组会对拟讲授的内容是否合适提出建议，使试讲者能够对拟讲授内容做出及时的调整，突出重点，避免不必要的重复。

试讲已经成为中山大学生命科学学院选拔培养优秀教师的一项有效措施之一，对提高教学质量具有重要意义。经过几年的努力，试讲制度已取得明显的成效。近几年的学生问卷调查结果显示，首次任课教师的平均满意度有明显提高，这说明试讲对提高首次开课教师的教学效果起促进作用。任课教师的优秀率也逐年上升，这说明学生对任课教师的教学越来越满意。今后，教务人员将继续实行试讲制度并在执行过程中对其进行总结和完善，以提高教学质量。

参考文献

［1］邓和. 教学管理概说［J］. 成都体育学院学报，1983，（3）：7-11.

［2］何素敏，何新凤，王金发. 课堂教学效果学生问卷调查及分析［J］. 中国大学教学，2006，（6）：38-40.

［3］何素敏，王金发. 实行试讲择优聘用任课教师制度，提高教学质量［M］//中山大学教务部. 教学研究与实践：教师论文集. 广州：中山大学出版社，2007：477-480.

第五篇　课堂教学效果学生问卷及分析

课堂教学是学校教育最基本的活动形式，其效果直接影响总体教学质量。评估课堂教学效果对推动教学改革，为国家培养更多更好的德智体全面发展的人才有重要的促进作用。学生问卷调查是课堂教学效果评估的一种最直接和客观的手段。问卷调查有以下优点：①可了解任课教师在教学过程中的教学态度、教学内容、教学方法等。②可了解在讲课中可能出现的各种问题。根据问卷调查情况调整教学计划或方法，可进一步提高教学技能，改进管理措施等。③调查结果还为相关部门了解教师完成教学任务的情况提供依据。例如，将调查结果作为评选优秀教师的主要依据，使评选工作更加客观公正，有助于提高教师的积极性。

中山大学生命科学学院为了提高教学质量，自 2002 年对课堂教学效果进行全面而系统的学生问卷调查。截至 2005 年已积累了 2002—2004 年共 3 个学年度 6 个学期近 450 个班次的调查数据。对这些数据进行比较系统的分析，总结经验，对进一步提高本科课堂教学质量具有重要的指导意义。

一、调查范围、内容和方法

1. 调查范围

调查范围涵盖中山大学生命科学学院为本院本科生开设的所有课程（实习、公共课除外），包括基础课、专业课程、专业选修课和实验课。

2. 调查方法

调查工作由中山大学生命科学学院指派专人或委托班干部在每门课程结束前 1 周利用课间休息时间进行。问卷采取无记名方式。调查人员分发问卷后学生当场填写，调查人员当即收回，由教务员组织人员进行统计。为保证统计的合理性和准确性，调查表单项选择部分的 16 个指标如果有 1 项没有被勾选，该张问卷调查表作废。一门课收回的有效问卷调查表必须超过修课人数的 50%，否则结果仅作为参考，不作为教师课堂教学考核的依据。在任课教师上报该门课程学生的总评成绩后，由中山大学生命科学学院书面通知任课教师该门课程的学生问卷调查结果，并欢迎任课教师查阅学生问卷调查结果。选修学生人数在 20 人以下，回收的问卷未超过 10 份的课程，其结果不作为课程的考评结果，仅作为参考。

3. 调查内容

采用中山大学教务部统一设计的表格（表 5-1），略做修改。内容包括单项选择和开放式问题两部分。单项选择部分要求学生对授课教师的教学态度、教学内容、方法和效果等 16 个指标的满意程度按照很满意（5 分）、比较满意（4 分）、一般（3 分）、不大满意（2 分）和不满意（1 分）等 5 个级别给予评价。学生对授课教师的总体满意度用这 16 个指标的平均值来评估。中山大学生命科学学院根据学生评价，将该门课程的课堂教学效果分为 4 个等级，即优秀、良好、合格、不合格，相应平均得分分别为 4.0 分、3.5 分、3.0 分、3.0 分以下。开放式问题部分包括"这位教师课堂教学的特点是"和"对教师的希望和建议"这 2 项，由学生自由填写。

表 5-1 中山大学课堂教学评估问卷（学生用）

类别			满意度				
要素		指标内容					
第一部分 单项选择	教学态度	（1）备课充分、授课及作业批改认真，辅导耐心	5	4	3	2	1
		（2）尊重学生，引导学生树立正确的学习观	5	4	3	2	1
		（3）教态大方，举止得体	5	4	3	2	1
	教学内容	（4）教学目标明确，内容符合课程大纲要求	5	4	3	2	1
		（5）授课条理清晰、表述清楚	5	4	3	2	1
		（6）重点突出、难点讲透	5	4	3	2	1
		（7）注意介绍学科发展新动态，并适当评价	5	4	3	2	1
	教学方法	（8）能结合实例讲解，教学语言生动	5	4	3	2	1
		（9）善于引导学生思考，注意培养学生思维方法	5	4	3	2	1
		（10）注重师生互动，课堂气氛好	5	4	3	2	1
		（11）注重培养学生的创新意识和创新精神	5	4	3	2	1
		（12）因材施教	5	4	3	2	1
		（13）合理使用现代教学手段或双语教学	5	4	3	2	1
	教学效果	（14）使学生能理解和掌握课程基础知识和技能	5	4	3	2	1
		（15）使学生分析和解决问题的能力得到提高	5	4	3	2	1
		（16）使学生自学能力和学习兴趣得到提高	5	4	3	2	1
第二部分 开放式问题	（1）这位教师课堂教学的特点是：						
	（2）对教师的希望和建议：						

二、结果与分析

1. 总体情况

在2002—2004年共3个学年度对近450个班次的学生采用以上方法对课堂教学效果进行问卷调查，共回收1万多份问卷。由于学生对课堂教学效果考核的态度积极，填表认真，单项选择部分中因指标缺项而作废的情况极少发生。在调查的450个班次中近50个班次回收的问卷少于10份，这些数据不纳入分析。

对2002—2004年共3个学年度中397个班回收的共1万多份有效问卷调查表的统计结果显示，学生对课堂教学的满意度最高分为4.85分，最低分为2.44分，平均为4.13分。其中，低于3.0分（不合格）的共有8个课程，占2%；高于4.0分（优秀）的有267个课程，占67%。这显示学生对本院开设的课程总体上比较满意。

这3个学年度学生对课堂教学的平均满意度呈现逐年增加的趋势（图5-1），由2002学年度的3.91分增加到2004学年度的4.19分。课堂教学的优秀率也逐年增加，由2002学年度的33%增加到2003学年度的69%和2004学年度的80%。

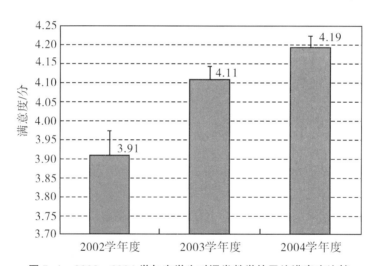

图5-1　2002—2004学年度学生对课堂教学的平均满意度比较

2. 学生满意度与课程性质、教师职称和教龄的关系

在所统计的397个班次的教学课程中，理论课有235个，占59%，平均满意度为4.04分（标准差为0.032分）；实验课有162个，平均满意度为4.26分（标准差为0.024分），学生对实验课的满意度明显高于理论课的。

学生满意度与任课教师的职称的关系在理论课和实验课之间表现较大差异（图5-2）。对于理论课，学生满意度与任课教师的职称呈明显的正相关关系：学生对具有正高级职称的任课教师的平均满意度为4.23分，副高职称的为4.01分；而具有中级或中级以下职称的，平均满意度仅为3.68分。但是对实验课，学生对不同职称的任课教师的满意度相差不显著。

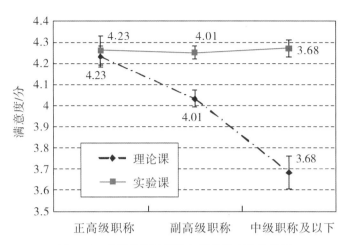

图 5-2　任课教师的职称与学生满意度的关系

学生满意度与任课教师的教龄呈现明显的正相关关系（图 5-3）。首次授课的教师的平均满意度只有 3.78 分，而具有 1～3 年教龄的任课教师的平均满意度为 4.05 分，3 年以上教龄的为 4.21 分。

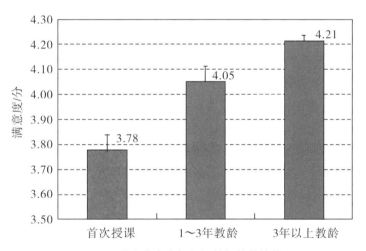

图 5-3　学生满意度与任课教师教龄的关系

实验课平均满意度明显高于理论课可能是多方面的因素造成的，具体原因还需要进一步的分析研究。①近年来，中山大学生命科学学院大力推进研究性教学和研究性学习理念，不仅大大改进实验室的设备和条件，更重要的是增加自主创新实验的内容，进行全开放式的实验教学，这可能是学生满意度较高的原因之一。②理论课和实验课在性质和特点方面的不同可能也是原因之一——理论课的理论性强，需要记忆的内容相对较多，考试的要求也比较高，学生压力较大。此外，由于扩招，理论课一般为大班上课，学生人数多，师生交流相对较少；而实验课人数限制在 30 人以下，分成小班上课，学生和教师直接交流的机会较多，这加深了学生对教师的印象。

通常职称较高、教龄较长的教师的专业知识和教学经验较丰富。本次调查结果显示的学生满意度与任课教师的教龄及任课教师（理论课方面）的职称呈正相关关系是可以预期的。至于为何在实验课方面学生满意度与任课教师的职称没有关系，其原因主要是近几年担任实验教学的青年教师大多具有博士学位，科研素质较高，实验设计和动手能力也较强，这样就大大缩短其与高职称教师的差距。

中级以及中级以下职称的理论课任课教师的学生满意度只有 3.69 分，与高级和副高级职称教师的学生满意度差距较大，主要原因是理论课教学有一个积累的过程。教师不仅需要知识，还需要经验积累。这一结果也说明提高中级和初级职称教师的教学水平是提高本科教学质量的一个关键。针对这个问题，中山大学生命科学学院已采取一系列措施。例如，该学院定期对任课教师特别是年轻教师进行教育技术培训；规定新教师必须先上至少 2 年的实验课，通过试讲考核合格才能上理论课；注意教师梯队的培养，组成由新、老教师组成的课程组等。这些措施已初见成效。

3. 学生对 16 项具体考评内容的满意程度分析

为了找出学生对调查满意度较低的任课教师不满意的具体原因，以便于中山大学生命科学学院和相关教师有针对性地采取有效措施，教务人员从满意度低于 3.5 分的教师中随机抽取 8 位教师，并对 16 项指标的学生满意度进行统计分析。各位教师的 16 项指标满意度的相对高低有所不同（表 5-2）。例如，教师 7 在反映教学态度的 3 项指标（项目 1 至项目 3）的得分较高，在反映教学方法的指标（项目 8 至项目 13）的得分较低；而教师 5 的情况正好相反。这 8 位教师在这 16 项指标上的平均得分有 4 项低于 3.0 分，均为反映教学方法的指标，包括"注重培养学生的创新意识和创新精神"（项目 11），"善于引导学生思考，注意培养学生思维方法"（项目 9），"注重师生互动，课堂气氛好"（项目 10）和"使学生分析和解决问题的能力得到提高"（项目 15）；而得分较高的均为反映教学态度的指标如"备课充分，授课及作业批改认真，辅导耐心"（项目 1）、"尊重学生，引导学生树立正确的学习观"（项目 2）和"教态大方，举止得体"（项目 3）。以上结果说明这些教师授课还是比较认真负责的，效果不理想主要是由于教学方法和经验不足。

表 5-2 对随机抽取的 8 位满意度低于 3.5 分的任课教师的 16 项指标进行统计分析

项目	教师 1/分	教师 2/分	教师 3/分	教师 4/分	教师 5/分	教师 6/分	教师 7/分	教师 8/分	平均/分
1	3.98	3.41	4.00	4.30	2.98	4.15	4.35	3.70	3.86
2	3.16	3.23	3.80	2.71	2.98	3.30	4.00	3.20	3.30
3	3.75	3.45	4.00	3.24	2.99	3.45	3.80	3.35	3.50
4	3.67	3.29	4.08	4.19	2.99	3.70	3.80	3.65	3.67
5	3.10	2.59	3.48	2.43	3.04	3.40	2.65	3.15	2.98
6	3.49	2.55	3.32	2.86	3.07	3.75	2.55	3.15	3.09

续表5-2

项目	教师1/分	教师2/分	教师3/分	教师4/分	教师5/分	教师6/分	教师7/分	教师8/分	平均/分
7	3.25	2.67	3.04	2.48	3.21	3.35	2.70	2.85	2.94
8	3.51	2.53	3.08	3.57	3.36	3.70	3.30	3.50	3.32
9	2.79	2.42	2.96	2.10	3.39	3.15	2.30	2.75	2.73
10	2.85	2.30	2.96	2.38	3.47	2.90	2.60	3.00	2.81
11	3.00	2.38	2.84	2.10	3.50	3.35	1.15	2.90	2.65
12	3.31	2.45	3.04	2.76	3.50	3.30	2.85	3.50	3.09
13	3.03	3.02	3.60	2.48	3.51	3.35	2.65	3.05	3.09
14	3.00	2.88	3.44	2.38	3.61	3.75	2.50	2.90	3.06
15	2.92	2.55	2.92	2.19	3.72	3.20	2.40	3.05	2.87
16	3.30	2.48	3.12	2.90	4.03	3.30	2.75	3.20	3.14
平均	3.26	2.76	3.36	2.82	3.33	3.44	2.90	3.18	3.13

4．两个开放性问题的作用

虽然回答两个开放性问题的学生不多，但回答的内容对了解学生的意见还是有很大帮助。例如，某位教师在教学方法方面得分较低。从学生所写的建议中可看出，这位任课教师因经验不足，上课时声音太小，加上多媒体课件和授课方式不够生动，重点不突出，故教学效果较差。这些具体的建议对教师改进教学方法很有帮助，值得保留。

三、几点思考

1．学生问卷调查是一种提升课堂教学效果的好形式

2002—2004学年度的学生问卷调查结果显示，学生对中山大学生命科学学院开设的课程总体上比较满意，而且满意度呈逐渐上升的趋势。这说明课堂问卷本身就是提高课堂教学质量的一种推动力。近几年，本科招生人数大量增加，原本30～60人的班级变成100多人的大班。而一些高校将本科教学放在次要地位，少数教师将授课看作"完成学时"的任务，因而不认真备课，不研究教学方法，导致教学质量下降。中山大学生命科学学院在2002学年初次进行全院课程质量调查时，曾遭到极少数教师反对。但该学院坚持公开、公正地进行问卷调查，后来认同的教师越来越多。许多教师都十分关心学生的问卷结果，他们认真查阅了学生的问卷表，找出不足，改进教学质量。

2．学生评价的公正性

如此大规模地开展课堂教学效果的学生问卷调查，开始也有人持怀疑态度，甚至有人认为，教学越认真和越严格的教师的得分越低，还有人担心一些教师为了获得学生的高评价而降低教学要求。经过几年的实践，统计分析结果显示，学生是公正和公平的。教学认真、严格要求的教师，其得分都较高，至今还未收到1例因严格要求而得到较低评价的投诉。

3. 授课既是科学也是艺术，教师需要培养

通过连续几年的大规模课堂教学效果的学生问卷调查，中山大学生命科学学院得出这样一个推理：授课既是科学也是艺术，教师需要培养，"有博士学位就一定能上好课"的观点是错误的。学生问卷调查结果显示，总体上满意度较低的是一些年轻的、职称较低的理论课教师，他们的教学经验不足。因此，进一步提高教学效果的关键是提高首次上理论课的任课教师的教学水平。在这方面，中山大学生命科学学院采取一系列措施。

（1）制定一些鼓励政策作为激励机制。例如，选拔中青年优秀教师出国培养或参加全国相关高等学校举办的课程研讨班；每学期对问卷调查满意度为 4 分以上的教师给予奖励；以测评结果为依据，每学年奖励 2 名优秀教师。

（2）进一步规范各种教学管理制度，完善薄弱环节。①建立试讲制度。2002 学年始，中山大学生命科学学院对新上课和上新课的教师实行试讲评分。②组织任课教师进行了多期的教育技术培训，大大提高教师的教育技术水平。③鼓励年轻教师，特别是具有博士学位的青年教师讲授实验课。中山大学生命科学学院要求近 3 年毕业的具有博士学位的青年教师，必须先参与 2 年左右的实验课程教学工作，积累一定的教学经验后，才能申请承担本科理论课程的主讲教师。

（3）加强对教师队伍的梯队建设和对新教师的培训。例如，各门课程由相关教师组成课程组，让新教师跟有经验的老教师随堂听课，使他们有机会互相研讨、学习。例如，中山大学生命科学学院组织青年教师参加由全国名师奖获得者举办的"研究性教学"研讨班。

4. 加强对问卷调查工作的宣传和评估

在初期，由于组织宣传不够，一些教师和学生对问卷调查的认识不足，持抵触态度，对问卷调查这项重要工作的目的、意义、内容、要求不甚了解，因而产生不同程度的厌烦情绪。一些师生甚至不愿意合作，因而降低了问卷的准确率、回收率。部分学生利用问卷调查表发泄对教师的不满情绪，在各项评分中均填最差的一项；而部分学生则不负责地全打满分，使评估工作失去意义。因此，中山大学生命科学学院将进一步加强问卷调查的宣传力度，增加师生对课堂教学评估问卷调查工作的认识，本着对师生、教学负责的态度，认真组织好这项工作；成立专家组，对调查的结果进行权威分析和对出现的问题采取有力的改进措施。只有这样，才能得到事半功倍的效果。

5. 建立多层次教学质量监控评估体系

为使教学质量得到进一步的提高，需要建立多层次的教学质量监控体系，包括中山大学生命科学学院督导组听课、领导听课制度化、教师相互听课等。但是，无论如何，学生的评价是最重要的，他们是自身利益的维护者，也是中山大学生命科学学院的服务对象。

参考文献

［1］何素敏，何新凤，王金发. 课堂教学效果学生问卷及分析［J］. 中国大学教学，2006，（6）：38-40.

［2］骆亚华. 多层次综合评价方法在教学质量管理中的应用［J］. 高等理科教育，2002，（5）：31-33.

［3］许有华. 试论课堂教学评估［J］. 黑龙江高教研究，1994，（6）：51-53.

第六篇 以评促建，创建教学管理新平台

教学评估是相关管理部门对学校办学水平的综合测评。通过实地考察及对办学指导思想、师资队伍、教学条件与利用、教学建设与改革、教学管理、学风、教学效果等各类材料进行综合分析，对各项指标进行定量评估，并对学校的办学情况做出全面而客观的评价，可达到以评促教、以评促建、以评促改的效果。

教学质量的好坏是衡量一所大学办学水平高低的重要标志。高等学校是人才培养的职能机构，教书育人是学校的主旋律，教学管理在高校管理中占有重要的位置。为提高教学管理的水平，根据中山大学本科常规教学管理工作的要求，中山大学生命科学学院以迎接教育部本科教学评估为契机，结合该学院本科教学的特点和条件，经过多年的探索和实践，建立一套行之有效的教学管理制度，逐步构建有序、高效的本科教学管理平台。这些平台的建立保证了该学院教学工作的顺利进行，也对教学起到促进和改进的作用，为国家培养了一批批具有高素质的优秀人才。中山大学生命科学学院教学管理平台的做法如下。

一、建立教学教务档案管理平台

教学档案库建设是高校教学管理工作的基础。为了迎接教学评估，中山大学生命科学学院对教学档案库建设非常重视，将现有的生物楼会议室改为多功能会议室，即集教学档案库和会议室为一体，并从教学基地经费中先后拨出 2 万多元，购置了一批文件档案柜，保证教学文件资料的集中存放。

教学档案库的建立，给教学管理提出新的要求。教育部和中山大学对本科评估提出多项的指标，其中，3/4 的教学指标都要从教学教务管理工作中收集，并被整理为相关教学资料而入档。可见，教学档案资料的建设是本科教学评估中重中之重的工作。因此，中山大学生命科学学院在完成日常繁忙的教学教务工作的同时，还要认真做好有关教学资料的分类收集、总结、整理、入档等工作。教学档案主要按以下四大部分进行分类收集、整理。

1. 教学基本文档数据的管理

教务人员将各专业教学计划，各门课程（含实验课）教学大纲、课程教学方案表（教学进程表），各专业班级课程表，开课一览表，各学期教授、副教授开设本科课程一览表，期末考试安排表及相关管理规定，各门课程期末考试试题、标准答案及成绩

表，各学期的各类教学表格和文件（包括平时记分表、考勤表、总结表、试题分析表、各类教学管理文件及学籍材料等）进行分学期、分类装订。教务人员专门用表格列出各门课程任课教师提交的各类表的清单，使用正式书面通知、发电子邮件，甚至打电话的方式催交，花了大量的时间和精力，逐渐得到各位教师的支持并取得较好的成绩。其中的大部分教学方案、总结表、试题分析表和教学管理文件都有电子存档。

2. 对本科毕业论文的管理

教务人员先后对1998级（2002届）至2001级（2005届）学生的500多份毕业论文进行分类、整理和统计工作，并将收集回来的毕业论文按年级、专业及学号的顺序号分别存放，在文档盒封面上加注优秀毕业论文作者的学号。与此同时，教务人员对上述毕业论文的目录整理汇编，对毕业论文的优秀率、及格率进行统计，这样为相关人员的查找和了解毕业论文的情况提供便利条件。同时，教务人员将这些数据保存在电脑上，这样使用查找功能，可随时在电脑中调用数据。例如，查找某位导师在这几年内所带的学生有几人，论文题目是什么，工作量是多少，等等，都可以很快地查到并打印出来。

3. 对考试试卷的管理

中山大学生命科学学院先后收集了2003年以来生物学各专业的基础课、选修课等有关试卷50 000多份，全部进行统一印刷封面和试卷排序、装订等工作。以每门课程为单位，按学号由小到大的顺序进行装订。同时，每本试卷封底附有一个信封袋，里面装有试题分析表，课程总结表，参考答案，A卷、B卷试卷，等等，以便相关人员对试题情况的了解和分析。

4. 对教学文件资料的管理

为了方便教学有关文件资料的查阅，多年来教务人员很注意对中山大学生命科学学院相关教学文件资料的收集和整理工作。目前，教务人员收集、整理了60多个教学文件资料盒，如2000年以来的本科教学文件，国家生物学基础科学研究和人才培养基地、国家生命科学与技术人才培养基地的评估、建设材料，生物科学、生物技术这2个广东省名牌专业的评估、建设的材料，教学实习基地的建设情况，教材建设规划及实施情况、多媒体教学，教学检查、总结，教学研究论文、成果，等等。这些文件资料档案的建立，对该学院的教学工作有很大的促进作用。

中山大学生命科学学院的教学档案库建设及管理工作得到中山大学教务部和评估办领导的认可和表扬。他们认为，中山大学生命科学学院的领导对教学资料库建设很重视，肯投入；中山大学生命科学学院教学资料库的建设在全校是最好的，资料收集得比较齐全，整理得也比较规范，经验很值得推广。但存在一些问题，如以前试卷的A卷、B卷问题落实得不够好；他们希望该学院进一步加大平时测验和考勤的力度，平时成绩应占学生总成绩的40%，期终考试成绩应占60%，这样才符合教学管理条例的要求；另外，他们建议该学院制定相应的教学档案管理制度和实施细则，对档案的范围、保存期限和操作程序做明确的规定。

二、建立教学质量监控管理平台

教学质量监控是提高教学质量的基本保证。通过教学质量监控的方式和手段，及时发现和解决教学运行中的存在问题，保证教学的顺利进行和实施，进一步提高了教学质量和推动了教学改革。近年来，中山大学生命科学学院大力加强了教学质量监控的管理力度。

1. 进行学生问卷调查

为了解任课教师在课堂上的教学态度、教学内容、教学方法和教学效果，2002 年至 2005 年第一学期，教务人员采取学校教务部设计的学生问卷调查表，先后对 500 多个班次的学生采用课堂问卷调查。每学期，我们都对学生调查表进行统计，并按授课老师、专业进行整理、装订成册，已装订 100 多册并入库存放。该学院通过学生问卷信息的反馈，进一步了解授课教师的课堂教学质量，同时也使授课教师掌握学生对课堂教学效果的评价。此外，学生问卷调查资料成为教师教学考评的重要依据。

2. 实行巡视员听课制度

为了加强对本科教学质量的监控，中山大学生命科学学院自 2000 年建立巡视员听课制度，先后聘用动物学、植物学、生物化学、动物生理学、微生物学等八大基础课程的 8 位具有丰富教学经验的退休的教师进行听课。每学期开学前，中山大学生命科学学院为巡视员提供本学期的课程表和听课记录表等相关材料。巡视员根据课程表分别前往广州校区南校园和珠海校区进行听课，并认真做好听课记录。学期结束后，每位巡视员提供所有的听课记录及 1 份有情况、有分析的听课总结报告。教务人员视这些材料为教学的宝贵材料，将每学年听课记录都装订成册入库存档。这些资料不仅为中山大学生命科学学院对每位教师考核测评提供重要的参考依据，还为教师申报各类奖项提供依据，更为该学院各类相关教学评估提供教学效果的佐证材料。

3. 实行领导干部听课制度

2000 年始，中山大学生命科学学院就制定领导干部听课制度，要求该学院的党政领导，该学院教学指导委员会委员和系、所、中心下副职领导干部，每学期必须坚持听课 3～5 次。为了把这项工作落到实处，教务人员按中山大学生命科学学院的要求及时将听课表印发给每位相关人员。例如，中山大学在"抓好本科教学质量，贯彻落实'三个一'工程"中，要求领导干部在每学期必须听 2 门课（不限年级，但其中至少有 1 次是珠海校区或广州校区东校园的课程），以考察教师的知识面、备课程度和授课艺术等。教务人员的积极配合和督促，使这项工作能按时完成。

4. 实行调课、停课管理的制度

中山大学教务部文件规定，任课教师因特殊情况需要进行调课、停课，必须事先报告学校教务部，否则以教学事故论处。为了实施这项规定，中山大学生命科学学院又重申这项规定的重要性，并制作相关表格让有调课、停课要求的教师填写，内容包括原因说明并附病假、会议通知等材料，并要说明在什么时候补课，经系、所中心和教学院长的审批，方可进行调课、停课。几年来，教务人员根据相关规定认真把好这一关，保证教学正常开展。此外，教务人员对学生课堂秩序管理也很认真——教与学是相辅相成的。为确保学生按时完成学业，教务人员随时做好每名学生学习情况的跟进工作。一旦发现学生的学时、学分不够，立刻通知学生进行弥补，使在校的每名学生都能按时毕业。

三、建立教师培养、讲课选拔管理平台

1. 建立教师培养管理平台

高校要提高教学质量，教师是关键，常言道"要给学生一杯水，自己先有一桶水"。为此，如何提高教师教育技术水平是学校、学院的重要工作。中山大学生命科学学院在积极引进人才的同时，重视对现有教师，特别是中青年教师的培养。2000—2004 年，先后有 140 位教师接受不同形式的培训和学习。主要做法包括短期出国培训、国内培训和参观考察等。中山大学生命科学学院先后批准 5 位青年教师利用公费（岭南基金）或自费出国进修，并利用教育部"高校基础课任课教师出国研修项目"，选派了 2 位教师出国研修。中山大学生命科学学院还积极组织教师参加由教育部和基金委举办的各类课程培训班。2000—2004 年，共有 17 人次参加不同类型的培训班。

实验教师的培训对于提高实验教学的质量具有重要作用。中山大学生命科学学院于 2004 年 6 月组织了 18 位实验教师、2 位实验教学管理人员共 20 人组成南北两队，分别到清华大学、北京大学、复旦大学、浙江大学等院校考察学习，使实验教学的教师开阔了眼界，与同行交流了经验，扩展了教学改革的思路。

2000—2004 年，中山大学生命科学学院先后投资了 2 万元，委托中山大学现代教育技术中心为中山大学生命科学学院教师和管理人员进行 3 期教育技术培训。由于办公室相关人员的积极配合和管理，参加培训的教师和实验教师有 90 多人。2005 年，中山大学生命科学学院办公室又积极发动老师参加中山大学数字化教学平台 WebCT 的培训，参加培训的老师达 4 个班 80 多人次。通过多次的培训，目前中山大学生命科学学院任课教师全部采用多媒体和网络教学等教育技术进行授课。

2. 举办"名师、名课"的培训管理工作

中山大学生命科学学院的国家级教学名师王金发在云南大学培训班授课后，一些院校的教师纷纷要求由中山大学生物基地举办全国性培训班。为此，中山大学生命科学学院分别于 2004 年 5 月 12—17 日和 7 月 5—11 日在中山大学、9 月 9 日—10 月 4 日在山东烟台师范学院举办了 3 期全国性研究性教学与细胞生物学课程研讨班。参加研讨的学员来自复旦大学、南京大学等 60 多所高校。另外，中山大学生命科学学院教师王金发还先后应邀到东北师范大学、华南农业大学、广州医学院等做了研究性教学的报告。

3. 建立教师讲课选拔管理平台

新的青年老师在上新课前先进行试讲，经教学专家组评议合格后，教务人员才能给予安排上课，这是中山大学生命科学学院对新上课或上新课程的教师培养、选拔优秀教

师上讲台的一项制度规定。2003 年以来，中山大学生命科学学院办公室积极配合做这项工作，在网上公开招聘有关课程的教师，并统一组织安排试讲。教师选取理论课程的绪论部分或实验课程的一个实验课程进行试讲，时间约为 30 min。教学专家组对试讲教师的仪态、备课、授课、教学方法和课件等进行评分，评分等级分为优（85～100 分）、良（75～84 分）、可（60～74 分）、差（0～59 分）共 4 个等级。试讲后专家组对试讲者进行 10～15 min 的提问，并提出宝贵的意见。参加试讲的教师觉得该学院的试讲安排非常好，对提高自己的讲课水平有很大帮助。据不完全统计，几年来，该学院先后组织了 20 多次 40 多门课 56 人次教师进行试讲，其中包括第一次上本科生新课程的教授 11 人和副教授 13 人，多数是讲师和助教。试讲效果明显，并得到多数教师的赞同。对试讲不合格的教师不给上课，对不适宜开课的课程坚决停开，以保证教学质量。另外，该学院还出台鼓励具有博士学位的青年教师先上实验课，再上理论课的制度。为提高实验课程教学质量，鼓励高学位青年教师参与实验教学工作。该学院规定，近 3 年毕业的具有博士学位的青年教师必须先参与 2 年左右的实验教学工作，积累一定的教学经验后，才能申请承担本科理论课程的主讲老师。

四、利用网络资源，建立了网上交流管理平台

2000 年始，中山大学由于扩大了招生的规模，实行异地办学，给教学管理增添不少工作。中山大学生命科学学院利用中山大学和中山大学生命科学学院的网络资源，在该学院学生网站中建立网上交流管理平台，进行本科教学、教务工作，与教师、学生进行互动管理，并取得可喜的成绩。在教学、教务日常管理工作中，教务人员以教师、学生为本，建立一条沟通教师和学生的信息反馈的通道。对于师生通用网络方式直接反映的有关问题，教务人员尽量及时解决。另外，教务人员还建立教师与学生互动管理机制，即本科生导师制，为每名新入学的本科学生联系 1 名教师（具体由学工部配合操作），让学生与导师进行双向选择后决定人选。这样学生可以通过面谈、网上交流或打电话的形式向导师反映学习上和生活上的情况，导师可解答或指引解决问题的方法，如指导学生选课、介绍研究生报读的相关情况，指导学生做科研等。导师每年写 1 份导师指导登记表，其中包括导师情况、学生情况及指导记录。导师指导登记表交由该学院保管。

五、建立教学研究项目管理平台

2003 年，中山大学生命科学学院设立"本科教学研究基金"。"本科教学研究基金"共有六大类，包括教材出版（14 项）、教学改革研究（15 项）、开放实验室（13 项）、网络课程建设（12 项）、名牌课程建设（6 项）、本科生研究基金；先后资助 148 项项目，其中教师 60 项，学生 88 项，资助金额达 90 多万元。设立教学研究项目是该学院教学改革的重要的举措，为此，该学院必须将这项工作管理好。教务人员根据该学院教学主管领导对这些项目管理的要求进行管理：①实行合同制目标管理。制订研究项目的

合同书（合同规定项目经费的使用权限和使用权范围及项目完成时间等），并要求研究项目的负责人与该学院进行签定。②对研究经费的使用全程监控。对每个研究项目建立经费使用登记本，使用时严格按有关要求支取。③对项目进行检查。为了进一步加强对资助项目的管理，该学院先后对资助经费在1万元以上的项目（如教材出版、网络课程建设等）进行中期检查。由于管理到位，这些研究项目都能按时按要求完成，有力地促进学院的教学、实验深入改革，并取得显著成果。

　　以上是中山大学生命科学学院多年来在教学管理工作中的一些做法，但在教学管理工作中仍存在不少的问题。例如，考试质量监控管理、毕业论文的质量监控管理、教学计划的制订和论证等都需要该学院进一步规范相关管理制度。多年的教学管理实践提示，教学管理制度必须做到"严而不死，灵活运用"，对具体问题要具体解决。教务人员要认识到，既然制定了一系列的制度，就要加以落实，不能使之成为一纸空文。因此，教务人员要继续完善各项管理制度，狠抓教学质量管理制度的落实工作，加大教学管理的力度，不断提高中山大学生命科学学院的本科教学质量。

参考文献

[1] 何素敏，何新凤，王金发，等. 以评促建，创建教学管理新平台 [M] //中山大学生命科学学院. 本科教学（研究）理论与实践：生命科学学院教学改革论文集. 广州：中山大学出版社，2006：131-135.

[2] 马建富. 大众化高等教育质量观及质量保障体系的建立 [J]. 河北职业技术师范学院学报（社会科学版），2002，（2）：43-47.

[3] 杨冰，张蕾. 以教学评估为契机，加强高校教学档案管理工作 [J]. 中国科技信息，2005，（14）：197.

[4] 张义，徐忠. 建立健全教学质量监控体系，提高本科教学管理水平 [J]. 中国高等医学教育，2000，（4）：27-28.

第七篇 "给天才留空间"

——中山大学生物方向"拔尖计划"10周年总结

中山大学生物方向"基础学科拔尖学生培养试验计划"（"拔尖计划"）以"给天才留空间"为指导思想，在选才、培养、育人和管理等方面进行卓有成效的改革，为优秀学生个性的充分发挥、潜能的充分发掘提供良好的发展空间；坚持"厚基础，重素质，扬个性，求创新"的育人理念，致力于加强学生的科学素养和创新能力的协调发展，着力培养高层次的复合型创新人才（附录三）。

一、中山大学生命科学学院简史与学科特色

中山大学生命科学学院立于 1991 年，前身为成立于 1924 年的中山大学生物学系。中山大学生物学系在创立初期设立生物学这个专业，当时的一批知名学者（如费鸿年、陈焕镛、罗宗洛、辛树帜、朱洗、张作人、董爽秋、任国荣、吴印禅、戴辛皆、于志忱等）曾在此执教。1952 年，经院系调整，生物学得到较大的发展，生物学系设立动物学专业和植物学专业，并相应设立动物学教研室、植物学教研室。1954 年，生物学系又成立植物生理教研室、动物生理教研室、达尔文主义和遗传学教研室、昆虫学教研室、生物化学教研室、微生物教研室等。中国科学院院士蒲蛰龙领导昆虫生态学研究室。1978—1991 年，教学和科学研究工作得到全面恢复并不断发展。生物学系设立生物化学、昆虫学、植物学、动物学共 4 个专业以招收本科生，同年招收第一批硕士研究生。昆虫生态室扩充为昆虫研究所，成立我国第一个生物工程研究中心。昆虫学也被评为国家重点学科。1991 年，成立中山大学生命科学学院。中山大学生命科学学院早期以分类学、系统学、生态学等学科为基础，进而逐渐发展生理学、微生物学、细胞学、遗传学、生物化学与分子生物学等新兴学科。目前，中山大学生命科学学院在学科建设、科学研究、人才培养、实验室规模、实验仪器设备等方面均处于国内同类学院前列，已成为一个学科门类齐全，基础条件优越，教学科研力量雄厚，在国内外有广泛影响的生命科学教学、科研和技术开发基地。

中山大学生命科学学院是国家首批获得生物学一级学科博士学位授予权、首批建立生物学博士后流动站的单位，拥有 16 个博士点和 22 个硕士点。其中植物学、动物学、生物化学与分子生物学和水生生物学这 4 个学科为国家重点学科。该学院在此基础上成功申报生物学国家一级重点学科。在 2012—2019 年的 2 次全国学科评估（每 4 年评估

1 次）中，该学院的生态学和生物学这 2 个一级学科继续保持在 A 级一流学科水平。

二、中山大学逸仙学院"拔尖计划"培养思路和目标定位

中山大学逸仙学院成立于 2012 年 7 月，主要职责为协调管理全校本科教育各类拔尖创新人才和卓越人才的培养计划，推动深化本科教育教学改革。在国家加快启动教育体制改革试点、推进实施各类卓越人才培养计划的背景下，中山大学逸仙学院基于本科教育创新实验区的管理定位，大胆尝试跨专业、跨院系进行因材施教与"优生优培"的育人机制，努力打造科教结合、院所协同、紧扣国际前沿、学科交叉融合、有利于拔尖学生脱颖而出的综合性人才培养基地。

围绕中山大学"通识教育、大类培养、复合创新"的本科教育理念和培养具有国际视野、满足国家与社会需求的高素质复合型拔尖创新人才的总体目标，中山大学逸仙学院积极探索突破学科专业壁垒的教学组织管理模式，努力拓展、整合研究型大学多学科的优势力量，建立跨学科课程体系和跨院系的选课机制，构筑更广阔和长效的国际学术交流平台，拓宽大学教学与国内外知名高校、科研院所、行业企业的联系渠道，使优秀生在接受系统、扎实的专业培养基础上能享有更具个性化与复合创新特征的培养机制。面向基础学科，该学院着重培养具备交叉学科知识结构，有较强的创新精神与创新潜能，有望成为相关领域领军人物的研究型人才；面向应用学科，该学院侧重培养具有鲜明专业特色与国内国际竞争优势，富有领袖气质的行业精英人才。

三、中山大学生物学方向"拔尖计划"实施方案和过程

中山大学逸仙学院生物学方向着重以理科基础学科——生物学（与生命科学学院协作）——为试点，深化课程内容与结构的改革，推进全程导师制、国际化、个性化和小班化教学的探索，开展交叉培养、动态管理的尝试，充分发挥以学术大师、名师为核心的教学团队及"专家型"教师的示范作用，努力将生命科学学院学术研究优势转化为人才培养优势，通过全方位保障体系建设，培养基础宽厚、创新实践能力强、人文底蕴深厚、学术视野开阔的拔尖创新人才（图 7-1）。

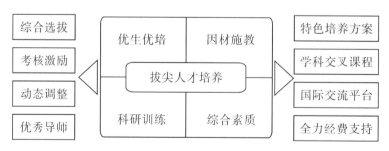

图 7-1　中山大学生物学方向"拔尖计划"管理模式

1. 中山大学生物学方向"拔尖计划"选拔与淘汰机制

中山大学生命科学学院制定并依据《附录三　中山大学生命科学学院"基础学科

拔尖学生培养试验计划（生物方向）"管理办法》《中山大学"基础学科拔尖学生培养试验计划"学生选拔面试工作实施细则》《"基础学科拔尖学生培养计划"学生选拔面试参考评分表》等管理方法，为了选拔出真正有潜质、热爱生物科学研究的资优学生，每年均进行生物学方向拔尖学生的遴选，综合考虑学生的价值导向、人格品质、心理素质、兴趣志向、自主学习能力、创新潜能、批判性思维、沟通与团队合作能力等 8 个维度，采用专家组深度面试的方法，特别避免以高考成绩作为唯一选拔标准，既考虑学生的绩点和课程学习情况，又考虑了学生综合素质和个性的差异性，并在一年级结束时进行选拔。

拔尖学生在培养阶段是动态的（图 7-2）。每年都会有考核和分流，实行二次选拔。对进入计划的学生进行学年考核；对拔尖学生的学习和科研情况进行综合考核，注重考察学习过程中的创新能力和发展潜力；将部分不适应培养要求的学生及时进行分流；同时吸收部分特别优秀的普通班学生进入"拔尖实验班"（即逸仙试验班，逸仙班），以保证实验班始终保持高水准的培养质量。

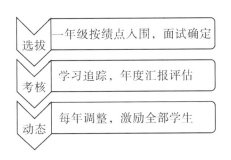

选拔　一年级按绩点入围，面试确定

考核　学习追踪，年度汇报评估

动态　每年调整，激励全部学生

图 7-2　拔尖学生动态培养机制

2. 拔尖学生培养过程

逸仙班实施全程导学制，遴选热心于基础科学人才培养，德才兼备，教学、学术造诣高的专家、教授为导师（表 7-1）。学校将相关专业的教授名单列出，师生实行双向选择。导师针对学生的兴趣和特长，对他们选择课程、专业方向等提供建设性意见，指导学生掌握科学的学习方法，促进学生自主性、创新性学习和个性化学习，帮助他们了解各学科发展的最新动态，指导学生参加早期的科研训练或实践教学，初步掌握科研的基本技能和方法。导师与学生共同制订个性化培养计划，帮助他们制定学业发展规划（图 7-3、图 7-4）。

表 7-1　培养拔尖学生的部分师资与开设课程

课程名称	任课教师	备注
现代偏微分方程	姚正安	教育部教学指导委员会委员
统计学习原理	戴道清	"新世纪优秀人才计划"入选者
量子光学前沿	王雪华	长江学者特聘教授

续表7-1

课程名称	任课教师	备注
量子力学研修	李志兵	"跨世纪优秀人才计划"入选者
人与宇宙的物理学	李森	国家杰出青年基金获得者
化学前沿	毛宗万等	国家杰出青年基金获得者
化学科研技能训练	鲁统部等	国家杰出青年基金获得者
生物学前沿学术专题系列	赵勇等	"青年千人计划"入选者
蛋白质翻译后修饰的生物学意义	任间等	"百人计划"引进人才

图7-3 拔尖学生培养过程活动

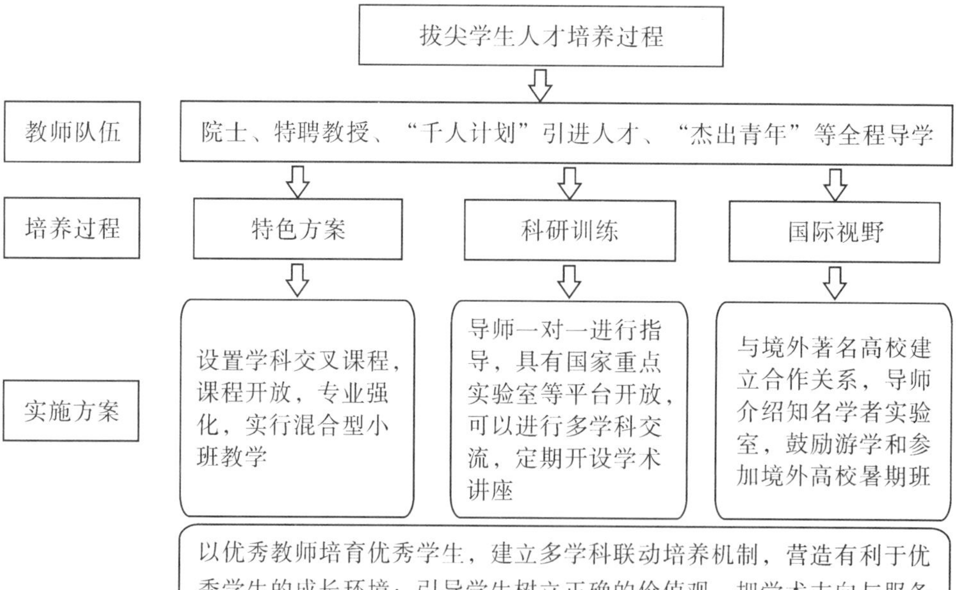

```
                        ┌─────────────────────────┐
                        │     拔尖学生人才培养过程      │
                        └─────────────┬───────────┘
                                      ▼
┌─────────┐  ┌──────────────────────────────────────────────────┐
│ 教师队伍 │  │ 院士、特聘教授、"千人计划"引进人才、"杰出青年"等全程导学 │
└─────────┘  └──────┬──────────────────┬──────────────────┬─────┘
                    ▼                  ▼                  ▼
┌─────────┐  ┌────────────┐    ┌────────────┐    ┌────────────┐
│ 培养过程 │  │   特色方案   │    │   科研训练   │    │   国际视野   │
└─────────┘  └──────┬─────┘    └──────┬─────┘    └──────┬─────┘
                    ▼                 ▼                 ▼
            ┌────────────┐   ┌────────────┐   ┌────────────┐
            │ 设置学科交叉课程, │   │ 导师一对一进行指 │   │ 与境外著名高校建 │
┌─────────┐ │ 课程开放,专业强  │   │ 导,具有国家重点 │   │ 立合作关系,导师 │
│ 实施方案 │ │ 化,实行混合型小  │   │ 实验室等平台开放, │   │ 介绍知名学者实验 │
└─────────┘ │ 班教学       │   │ 可以进行多学科交 │   │ 室,鼓励游学和参 │
            │            │   │ 流,定期开设学术 │   │ 加境外高校暑期班 │
            │            │   │ 讲座        │   │            │
            └────────────┘   └────────────┘   └────────────┘
```

以优秀教师培育优秀学生,建立多学科联动培养机制,营造有利于优秀学生的成长环境;引导学生树立正确的价值观,把学术志向与服务国家战略结合,培养具有国际竞争力的战略科学家

图7-4 生物学方向拔尖学生人才培养实施过程

四、培养成效

逸仙班学生（生物方向）总体学习成绩优秀，全体学生获得的各级奖学金不计其数。2014级学生的平均绩点达到3.97，2015级学生的平均绩点为3.95；2019—2022年学生深造率达到95%以上；50%以上学生选择出国留学，不少学生被国际知名大学（如耶鲁大学、加州大学、约翰·霍普金斯大学、哥伦比亚大学和康奈尔大学）录取。逸仙学院学生不仅成绩优异，还不忘注重实践学习，积极参加多种活动，每人均参加了各类科研训练项目。2013—2017年，学生发表论文11篇，获得各种竞赛奖励60余项。2019—2022年，学生还在由逸仙班学生组织、主持的iGEM上获得国际金奖。生态学专业学生邓安成于2016年参加美国大学生数学建模大赛，获一等奖，并参加加州大学洛杉矶分校（University of California，Los Angeles，UCLA）跨学科国内外交流项目。

五、典型案例

2013级学生吴颖彤可能为国内在国际权威生态学刊物发表文章的最年轻学者。"拔尖计划"帮助她逐渐积累生态学的基础知识，培养她野外观察和实验的能力。她获得中国国家留学基金委员会的暑期实习项目资助，到加拿大阿尔伯塔大学开展氮沉降对林下植物功能性状影响的研究。在毕业论文的基础上，其论文发表于权威的生态学期刊 *Global Ecology and Biogeography*（IF为5.958），并获得美国密苏里大学路易斯分校（University of Missouri，St. Louis）的博士奖学金，在著名生态学家Robert E. Ricklefs的指导下继续深造。

2011级学生黄恺驰的德、智、体全面发展。他创办"中大翼境"（SYSU Wings）社团，开展以鸟类科普为主的非营利性学生公益活动，自制手机App"观鸟宝典"，并参编相关图书，最后在中国国家留学基金委员会的资助下，获得到加拿大英属哥伦比亚大学直接攻博（直博）的机会。与他同级的同学梁俏仪多次参加国际会议和国际合作项目，被荷兰格罗宁根大学录取并继续深造。他们都是获得教育部基础学科拔尖学生培养实验班"荣誉证书"的学生。

六、关于中山大学逸仙学院拔尖学生培养的经验特色与思考

1. 设计个性化培养方案，留下自主学习空间

为了让"拔尖计划"学生在专业培养、课程修读、继续深造等方面有更多弹性选择和更多的自主学习空间，中山大学逸仙学院针对每名学生制定因材施教的个性化培养方案，主要体现在弹性选课上。"拔尖计划"学生选修逸仙学院的专选课程，所修学分可以冲抵自己本专业的专选学分。

拔尖学生核心专属课程采用小班化教学，选修人数不超过15人，非互动教学时间不超过1/3，2/3学时由教师与学生互动研讨，能够充分发挥学生主体作用，引导学生自主思考课程的基本问题和核心概念，培养学生专题调研、表述和学术讨论的能力。

2. 采用"大基础平台+课程群"选课，拓展学科交叉空间

中山大学执行"拔尖计划"的逸仙学院以理科基地为依托，采用"大基础平台+课程群选课"，注重强化数学、物理、化学、生物、计算机课程，组成学科群选修课，如化学专业学生选修生物系列课程，数学、计算机或物理专业学生选修生物系列课程。学生从课程系列中选择选修模块，这种模块化的特色培养方案充分体现学科基础知识的纵向发展和跨学科横向拓展。

中山大学逸仙学院尊重差异性的多学科联合培养，于每周四下午集中开设小班核心专属课程。在统筹协调下，数学、物理、化学、生物、计算机五个学院在周四下午统一不排课，以让"拔尖计划"学生在周四下午修读"拔尖计划"相关课程。"拔尖计划"学生也可通过逸仙学院申请跨学科选修专业课程。例如，物理学院学生可以申请修读数学学院开设的必修课。

核心专属课程规定了跨学科选修人数不低于1/3，鼓励本科生接触不同学科，形成实质性的学科交叉互动。

3. 以导师制引导，第一课堂与第二课堂融合，开拓科研训练空间

在导师指导下，"拔尖计划"以国家级生物科学基础实验中心为依托，实行第一课堂与第二课堂融合，基础训练与技能拓展融合，引导科研兴趣，强化专业训练。同时提高基础学科条件支持平台向优秀学生开放，尤其确保国家重点实验室、开放实验室、国家实验教学示范中心等向参与计划的学生开放，培养学生的科研能力及科研创新精神。

采取不定期举行科学讲座、安排跨学科实验课程、组织科学考察、开展科研项目设计与立项等多种措施，逐步引导、培养与激发学生的科研兴趣。其中，跨学科实验课程与科研项目设计与立项的实施最受学生欢迎。

4. 建设协同育人平台，开通产学研融合空间

让拔尖学生到黑石顶实习点和大亚湾实习点等野外教学基地进行生物学野外实习，发现科研兴趣点，并进一步提出科研项目，深入研究，这对拔尖学生培养起到很好的作用。"拔尖计划"通过高校、企业、政府部门与自然保护区联合，建设粤港澳生命科学创新性人才省级协同育人平台，为拔尖学生向应用型创新人才发展提供支撑，加强学生创新能力、创业能力和实践能力的培养。

5. 设立国际化合作办学项目，开阔国际视野空间

为培养具有国际视野的本科生，中山大学逸仙学院与美国伯克利大学、香港中文大学等境外知名高校建立合作关系，设立本科生交流项目，鼓励学生积极参与国际交流，提高综合实力。2016年，中山大学生命科学学院到校外交流学生共99人次，每届拔尖学生基本上都得到参与国外游学的支持。在游学过程中，学生选修国外课程，进入知名学者的实验室，进行科研技能训练，与国外教授一起完成拟定科研课题，从而提升了专业技能训练的质量。

参考文献

[1] 项辉，何素敏. 给天才留空间［M］//杨继. 创新人才培养模式　培养拔尖创新人才："生物学科拔尖学生培养试验计划"十年探索与实践. 北京：高等教育出版社，2019：215-223.

第八篇 以教学档案的规范化管理提升教学服务质量

教学档案是在教学过程中产生的试卷、教案、学生成绩记录及文件等教学资料。高校教学档案包括在教学活动中形成的所有有价值的文字、图表和声像材料，是学校信息资源的重要组成部分。教学档案对规范管理教学过程、指导教学实践和推动教学改革起着重要作用，不仅具有重要的价值，还具有一定的保密要求。档案管理是学校教务部门日常管理的重要组成部分。随着高校教学改革的深入和教务管理要求的不断提高，教学档案的数量和使用的频率快速增长。传统的教学档案管理理念和人工登记、保管检索档案的模式已经不能适应当前教学教务管理的要求。更新教学档案管理理念，运用基于计算机的现代档案管理技术提高教学档案管理效率是做好教务管理工作，提高教学质量的一个重要环节。中山大学生命科学学院现有专任教师155人，在2020学年共开设专业课程153门，通识课程44门，每年产生的教学档案数量庞大。近年来，中山大学生命科学学院教职工在中山大学和中山大学生命科学学院主管教学领导的指导下，对教学档案管理的理念、制度、模式等进行改进和优化，提高了教学档案管理水平。

一、高校教学档案管理存在的问题

1. 教学档案管理体制不健全

管理制度不健全和不被重视导致管理不规范、对教学档案投入不足，使重要资料流失。部分高校教学档案管理体制不够完善，没有健全的与之相关的规章制度，无法为教学档案管理提供明确的制度依据，也没有专职的档案管理员来负责，兼职人员大多未受过专业知识和专业技能培训，在工作中难免出现一些漏洞。

2. 教学档案管理跟不上时代的要求

信息化手段不明显，在资源共享传播中没有发挥其使用价值。因此，这些好的教学经验和优秀案例没能得到及时、广泛的宣传。不同历史时期的珍贵史料和科学技术领域的尖端成果档案对于发展教育事业，服务经济建设具有很高的开发利用价值。

3. 教学档案的利用率不高

教学档案管理工作重保管、轻服务，教学档案的利用率不高，教学档案管理室成了储藏室，档案管理变成档案保管。教学档案管理的主要目的是应付上级机构的检查，特别是服务于教学评估和教学检查。教学档案管理工作注重服务于上级教学档案管理机构，使教学档案无法在教师的教学和学生的培养工作中发挥应有的作用。

二、教学档案管理改革措施

1. 改变管理理念，突出师生在教学档案建设和管理中的作用

在教学档案库建设和管理过程中既强调教务管理人员的责任和作用，又重视教学档案的主要提供者和使用者（广大教师和学生）的重要作用。通过完善相关管理制度并通过各种渠道进行广泛宣传，提高师生对教学档案重要性的认识，明确各项教学活动需提交的教学档案的类型及要求，为提高档案资料质量奠定基础。

为了避免传统行政的机械式管理，切实发挥教学档案服务教学和师生的功能，应始终贯彻以人为本的理念，注重档案管理工作的组织架构支撑。以"规划统筹—具体落实—质量监控—制度完善"为主要线条，对教学档案管理人员始终强化档案管理意识，注重专业素质和管理能力的提高，并通过部门管理和专人负责相结合的模式，确保教学档案管理业务工作的连续性和综合性。同时，强调发挥师生作为教学档案所反映内容主要参与者的能动性，促使师生主动参与教学档案建设。例如，对课程档案实行"谁提交，谁负责"的责任制度，由教师全程负责教学档案的建立和完善；再如，增加教学档案的呈现形式，以便师生及时、方便地提交。在教学服务和教学评估中，发挥相关主体对教学档案质量监控职能，提供教学档案检查的开放渠道，便于师生对教学档案工作的检查和监督。

通过教师和学生手册、网站、教学会议等不同渠道进行广泛宣传，提高师生对教学档案重要性的认识，了解所开展的教学活动在档案资料提交方面的具体要求，做到职责分明，从而提高师生参与教学档案建设的自觉性，也为管理人员按规章管理提供依据，从根本上为提高档案质量奠定了基础。

2. 通过制定完善相关制度，加强档案规范化管理

在制定相关教学教务管理制度时，融入教学档案管理方面的内容，明确相关人员的职责，确定需提交的档案资料的类型及格式和提交时间等方面的要求，从而解决了由于职责不明确和标准要求不清楚而造成的互相推诿及档案资料质量不达标的问题。

由于学科特色和人才培养需要，中山大学生命科学学院的本科教学模式多样，除了专业理论课和实验课，还有实践、实习课程，通识课等。教学档案的类型多、数量大。为了维护和完善教学档案管理体系，以制度建设加以规范，加强师生的教学档案意识，该学院在建立教学相关管理制度时，均强调教学档案的建设，并细化教学档案相关业务流程，将教学档案管理渗入教学各类活动中，切实提高管理效果。例如，《本科生课程命题与成绩管理办法》第四章"课程总结及上交资料"中，对课程档案的归档要求和时间做了明确规定，从档案源头上加以规范。

中山大学生命科学学院对各项教学活动需积累的教学档案进行系统的分析总结，并在相应的管理规章制度中做出明确的规定，形成一套融汇于相关管理规章制度中，职责分明的教学档案管理规则，实现科学化、规范化管理，提高档案质量。例如，在课程成

绩管理的部分对录入成绩的时间和要求、须提交的档案资料、试卷（含 A 卷、B 卷和参考答案）、试卷分析表及这些资料的格式要求等均做出明确的规定。教务部门管理人员按规定对材料进行检查把关，保证档案材料的质量和完整性。

3. 借鉴现代档案管理理论，以纵向为主、横向为辅进行归档管理，提高效率

在教学档案的管理方面，中山大学生命科学学院借鉴管理学上的过程管理模式。其一，从纵向角度加强教学档案质量管理，以发挥教学档案的作用。在档案的管理中，避免只是简单地进行档案的收集和存档，而是要将教学体系渗入档案的管理中，以教学目标为原则设计教学档案管理框架，以教学活动为依据制定教学档案管理方案，以问题导向不断对教学管理方案进行调整和优化，注重各教学业务档案之间的组合作用，提升教学档案的整体质量。其二，以横向分类为辅，注重教学档案的内在连续性，清晰地突出教学各项活动相关档案的特点和作用，完善教学档案体系的建设，方便教学档案的日常利用。

中山大学生命科学学院采用现代档案分类归档的理论和方法，对大量教学档案进行系统科学的归类：教学大纲，规章制度，文件，学生学籍表，试卷，毕业论文，自编教材，原版英文教材，教学研究、课程建设、教学过程运行管理、教学质量监控、教师培训材料，师生各类竞赛活动材料，各类检查、评估的记录与总结，交换生、招生材料、实习基地材料等；专设了教学档案室，购置了柜子和正规的档案盒和档案袋存放资料，解决了档案资料存取难的问题。在对大量教学档案进行归类时，运用计算机信息化管理技术建立相应的索引数据库（如信息发布管理系统、毕业论文管理系统、博士生助教管理系统、导师管理系统等），方便了档案资料的检索和分析，提高了运用档案资料研究解决教学问题的效率。

4. 运用信息化管理手段，丰富教学档案呈现方式，促进档案作用的发挥

信息技术的进步促使高等教育向信息化的方向发展，这对教学档案的信息化要求也越来越高。根据教学档案的功能和要求，可结合纸质档案管理和信息化管理的手段，使教学档案呈现方式更加多样，以促进教学档案作用的发挥。首先，利用网络教学资源，进行网络教学档案管理。通过将部分课程加入网络资源平台，建设课程网站和建设数字化课程等方式，可开拓教学档案的呈现和利用渠道。其次，建设本科教学网站和本科教学微信平台，公布课程简介、拓展资源和教学业务档案等，进一步落实教学档案为师生服务的目标。最后，对于纸质教学档案的管理，利用信息化手段建立数据库，可实现档案的分类和搜索。另外，运用计算机信息化管理技术，完善教学档案索引数据库的建设，方便了对档案资料的检索和分析，解决师生查找使用档案资料难的问题。

5. 规范教学档案库，完善分类管理制度

教学档案库建设是教学档案管理的一项日常工作，是一切与教学档案相关的管理和应用的物质基础。例如，本科教学评估中 3/4 以上的教学指标数据可从教学教务管理工作中收集、整理、入档的有关教学资料中获得。因此，于教学档案管理而言，重点是在完成日常繁忙的教学教务工作的同时，做好有关教学资料的分类收集、总结、整理和入

档等工作。教学档案主要按以下五大部分进行分类收集、整理。

（1）教学基本文档资料的归档及管理。教学基本文档资料包括学生学籍册、学籍异动表、成绩和保研等数据，各专业教学计划、各门课程的教学大纲（含实验课）、教学方案表（教学进程表），各专业班级课程表、开课一览表，各学期教授、副教授开设本科课程一览表和期末考试安排表等相关管理文档，以及各门课程的考试试题、标准答案文档、成绩表、总结表、试题分析表、平时记分表、考勤表等。文档数量很多、类型复杂，及时获取这些文档资料并保证它们的质量是教学档案库建设和管理的关键。中山大学生命科学学院教务部花费大量的时间和精力，使用表格方式，罗列各门课程的任课教师需要提交的各类文档的清单，通过出示正式书面通知，发送电子邮件，甚至打电话的方式催交，逐渐获得各位教师的支持并取得较好的成绩。该教务部对各类教学管理文件及学籍材料等均进行分学期、分类装订。其中，大部分教学方案、总结表、试题分析表和教学管理文件都有电子存档。

（2）本科毕业论文。中山大学生命科学学院教务部耗费大量的时间和精力，对各级各专业学生的毕业论文进行分类、整理和统计，按年级、专业及学号的顺序进行分类将收集回来的毕业论文，在文档盒封面上标注优秀毕业论文作者的学号。该教务部整理、汇编以上毕业论文的目录后，统计毕业论文的优秀率、及格率，为相关人员的查找提供便利条件。同时，该教务部利用毕业论文管理系统将这些数据保存在电脑上。使用者可通过查找功能随时在电脑中调用数据并打印出来。

（3）试卷的归档及管理。中山大学生命科学学院教务部先后收集生物学各专业的基础课、选修课、公选课等有关试卷1 000多册后，统一印刷封面，对试卷进行排序、装订等。该教务部以每门课程为单位，按学号由小到大的顺序对这些试卷进行装订；同时，在每本试卷封底附有1个信封袋，里面装有试题分析表，课程总结表，参考答案，A卷、B卷试卷等。

（4）教学文件资料。为了方便查阅教学相关文件资料，多年来中山大学生命科学学院教务部致力收集和整理中山大学生命科学学院相关教学文件资料。目前，该教务部收集、整理了60多个教学文件资料盒，含2000年以来的本科教学文件，国家生物学基础科学研究和人才培养基地、国家生命科学与技术人才培养基地的评估、建设材料，生物科学、生物技术这2个广东省名牌专业的评估、建设材料，"双一流"学科教学评估相关材料，国家级专业建设点的材料，教学实习基地的建设材料，教材建设规划及实施材料，多媒体教学材料，教学检查、总结材料，教学研究论文、成果等。这些文件资料档案的建立促进中山大学生命科学学院教学工作的开展。

（5）展示新的教学成绩。展示新教材、奖状、学生竞赛材料、各类合同、教学改革项目材料、论文集、教师工作量材料、教学质量监控材料、新教师培训材料、教研室建设材料、培养方案、教学大纲、招生宣传资料、视频和相关教学实践图片等。

三、完善教学档案管理的成效

在上级主管部门和相关领导的支持指导下，经过多年的努力，中山大学生命科学学院围绕"有依据，有流程，有记录和有节点"的"四有"原则，以"规划统筹—具体落实—质量监控—制度完善"为主要线条，以教学档案管理为广大师生服务为理念，通过健全管理制度，使用现代档案管理理论和技术，初步建立一个比较完善的教学档案库及相应的管理制度和方法，在以下三方面发挥作用。

1. 为师生和社会服务的作用

教学档案库不仅为广大教师和教学管理人员开展各项教学活动提供服务，也为各级领导管理部门进行各项管理相关的决策提供基础数据。中山大学生命科学学院建立的资料比较完整准确，使用方便的教学档案库可保证各项教学活动的顺利开展和相关决策的可靠性，为中山大学生命科学学院本科教学工作的顺利开展奠定基础。近年来，中山大学生命科学学院所属的生物科学、生物技术和生态学专业均入选"双万计划"国家级一流本科专业建设点；生物科学专业入选首批"强基计划"和国家"拔尖计划"2.0。6门课程入选国家和省一流课程。中山大学生命科学学院培养了大批"德智体美劳"全面发展的优秀生命科学人才，本科生深造率超70%，连续9年获得iGEM金奖。2017—2022年，本科生完成近600项科研训练，发表160篇科研论文，获得180余项奖励，包括国家级教学成果奖二等奖2项，广东省教学成果奖4项。

2. 示范作用

中山大学生命科学学院在教学档案管理方面的实践结果得到中山大学相关部门的肯定。中山大学多次组织兄弟院系教学档案管理人员到中山大学生命科学学院参观、调研。中山大学生命科学学院总结教学档案库建设和管理运用的经验，为中山大学在该领域的发展做出贡献。

3. 对各类教学评估的支持作用

教学档案库是反映教学活动的一个重要窗口，因而也成为各类教学评估检查考核的重点内容之一。中山大学生命科学学院教学档案库在历次教学评估中均得到好评。在2008年全国评估时专家组认为"中山大学生命科学学院对教学资料库建设很重视，资料收集得比较齐全，整理得比较规范，是全校教学资料库建设得最好的一个，（其经验）值得推广"。在2016年底教育部组织的高校本科教学审核评估中，中山大学生命科学学院的教学档案库也获得专家组的点名表扬。2017年，中山大学生命科学学院"以教学档案的规范化管理提升教学服务质量"被评为校级教学成果奖，在全校及国内同行中产生积极影响。

四、结语

经过多年的努力，中山大学生命科学学院教务部在教学档案库的建设及管理工作取得一些进展，得到相关部门和领导的认可和表扬，但仍存在一些有待解决的问题。例如，一些教师对教学档案的重要性的认识不够充分，对因准备档案资料产生的额外工作时有抱怨，对试卷资料、管理文件等档案不能按时按质归档，线上资料归档率相对较低，对部分档案的范围、保存期限和操作程序规定不够明确等，这些问题还需要通过进一步规范有关管理制度加以解决。多年的教学档案管理实践显示，管理制度必须做到"严而不死，灵活运用"，碰到具体问题应具体解决。中山大学生命科学学院教务部要继续完善各项教学档案管理制度，狠抓落实工作；广泛宣传，增强全体师生对教学档案重要性的认识，进一步提高参与度；不断总结经验，完善教学档案管理制度和实施细则，实现档案管理规范化，提高效率；借助高质量的教学档案资料不断提高本科教学质量。

参考文献

［1］何素敏，崔隽. 以教学档案的规范化管理提升教学服务质量［J］. 教育教学论坛，2021，（37）：13-16.

［2］王华. 如何做好学校档案管理工作［J］. 黑龙江档案，2011，（6）：72.

［3］任静. 高校教学档案管理的现状与对策［J］. 科技情报开发与经济，2007，17（27）：229-230.

［4］尹翔. 高校教学档案管理工作存在的问题及其原因探析［J］. 文史月刊，2012，（8）：35-36.

［5］张敏捷. 高校教学档案的精细化管理研究［J］. 兰台世界，2013，（26）：50-51.

第九篇　跨学科创新人才培养的探索

——中山大学逸仙班 8 年回眸

2006 年，中山大学以国家理科基地为依托，并结合自身办学条件与特色，实施了以孙中山先生名字命名的"逸仙计划"，并通过组建逸仙班以探索优秀学生培养新机制。2006—2010 年，逸仙班先后招收了 5 届学生，先后培养物理科学与工程技术学院、化学与化学工程学院、生命科学学院、岭南学院等 4 个院系的 527 名学生。在逸仙班模式探索基础上，中山大学不断深化人才培养机制综合改革，2010 年加入"教育部基础学科拔尖学生培养试验计划"；2012 年成立逸仙学院，面向数学、物理学、化学、生物学学科，以"基础学科拔尖学生培养实验班"进一步推动拔尖创新人才的培养。

至 2014 年 6 月，所有 5 批逸仙班模式培养的本科生先后毕业。回顾 8 年来 5 届实验班学生的培养历程，有辛苦、有甘甜，但更多的是体会与收获，本文就实验班人才培养的主要情况做简要概述。

一、逸仙班的创建与目标

1. 逸仙班的组建

为了培养高层次复合型创新人才，中山大学于 2006 年以物理学、化学、生物学国家理科基地为依托，实施"逸仙计划"。2006 年，中山大学从物理、化学、生物这 3 个学院各遴选 30 位本科生，同时，为了促进学科交叉，从经济学专业（理科类）选拔了 30 位学生，共同组建 120 人的逸仙班。

逸仙班的遴选主要是根据高考录取分数择优选拔，学生自愿报名，初选报名名额一般不超过该学院新生总数的 10%。中山大学根据综合考评，初步确定逸仙班人选名单。学生选拔所包括的重要环节之一是由各学院知名教授组成的专家组对初步入选的学生进行面试，其内容主要是检查、考核学生的科学思维、心理状态、科学兴趣、发现问题与解决问题的能力。

2. 培养目标与机制

"逸仙计划"坚持"厚基础，重素质，扬个性，求创新"的育人理念，致力于加强学生的科学素养和创新能力的协调发展，着力培养高层次的复合型创新人才。在培养机制上，采取以理科基地为依托，按学科群打基础，实施本科与研究生贯通培养的方式。

3. 培养模式

对于逸仙班，中山大学设计了"2+2+N"的培养模式。即对一年级和二年级学生实施以学科整体认识为核心的大类培养，对三年级和四年级学生实施以专业兴趣与科研志向培育为导向的科学素质与能力的培养。N 则是指多种发展路径。优秀的逸仙班学生可与研究生培养直通，多数学生直接攻读博士学位，少数学生攻读硕士学位；未达到逸仙班培养要求者被分流到普通班学习。

在本科前 2 年，学习重点是人文与科学有机融合的基础课学习，对学生实施以学科整体认识为核心的大类培养，主要体现在以下两方面。

（1）以"大基础平台课+课程群选课"方式设计个性化的培养方案，核心任务是在引导学生构筑学科基础知识架构的同时，促进学生的人文精神与科学思维协调发展，帮助学生树立献身基础科学研究，服务于民族振兴与国家强盛事业的远大理想与抱负，启迪学生及早树立专业思想、制订学习规划。

（2）按学科群设置课程类别，学生进入相关学科交叉培养阶段。第二学年末按学生兴趣、特长有侧重地加强学科群基础知识教学，引导学生在整个学科层面而不局限于狭窄的专业层面，了解一级学科与各二级学科的关系。

本科阶段最后 2 年的学习内容，主要着眼于专业兴趣与志向形成的专业课学习，以及以发展方向培育为重点的高阶课程学习。

在后 2 年的培养中，学生根据自身的爱好专长选择进入各自学院的一级学科，在导师指导下进行专业核心课程的个性化学习。通过该阶段教学，中山大学指引学生了解学科知识发展脉络和动向，催生专业思想的"第一个生长点"。学生进入四年级后，结合高层次专业课程的修读与学位论文撰写的过程，形成专业发展的"第二个生长点"。

4. 竞争与分流

逸仙班引入竞争机制。在 1～4 年学习期间，中山大学以人为本，根据学生的学业、健康状况及学生个人意愿进行分流调整，注重调动学生学习的积极性和主动性。逸仙班本科阶段的分流条件主要包括对学生学术精神与学业成绩（含核心课考试成绩、每学年必修课程平均学分绩点等）的考察、指导教师及其他教授的意见等，并综合考虑学生身体健康状况、自身意愿等。

二、培养特色与效果

在逸仙班教学改革中，主要凸显的特色是积极探索个性化培养的机制。逸仙班以本硕博直通形式培养优秀学生的机制和多学科教学的管理新模式。

1. 个性化培养

大学扩招以后，在大众化教育的背景下，如何培养优秀学生是大学的一个重要课题。对此，逸仙班采取的基本做法就是因材施教，进行个性化培养，让基础学科优秀的学生在专业培养、课程修读、继续深造等方面有更多的弹性选择，有更多的自主学习空间"仰望星空"及培养兴趣。这种培养模式主要体现在弹性选课与专业选择上。

（1）弹性选课。鉴于大一新生到大学后有一个认识与认知过程，他们需要逐步了解大学的办学理念、培养目标、授课方式、学科与专业等，以将自己融入所在的学校、学院，将自己的未来与国家、民族的未来融为一体；加之大学传授的是高深知识，课程比中学的深奥而丰富多彩，这些变化令刚刚跨进大学的新生目不暇接，他们需要学校因势利导，结合相应专业知识结构的要求，引导其更灵活和理性地选读课程、规划学业的发展。相应地，中山大学有两种做法。一是在保证学生来源的原 4 个学院核心基础课的前提下，划出部分学分，让学生在 4 个学院跨学科地交叉选课。这部分学分又分为指定的跨学科交叉课程与完全自选的跨学科课程。在指定的跨学科选课中，要求学生必须在"化学+物理""经济+物理""生物+化学"这 3 个指定专业课程组合中，根据自己专业意向任选 1 组（含 2 门课）。二是为了给学生更大的选课的自由，以培养兴趣和拓宽视野为目标，逸仙班所有课程时间的安排不重复，学生可在自选课程中采取试听制度。

（2）专业选择。为了最大限度地发掘学生的专业志趣和特长，逸仙班学生有 2 次重选专业的机会。第一次，在一年级结束前进行一次专业分流，分为逸仙班内部与逸仙班外部两种方式，即在逸仙班所依托的 4 个学院内进行，仍保留逸仙班学生的身份；若所选专业不属于逸仙班依托的学院，则视为退出逸仙班。第二次，即二年级结束，逸仙班学生可在所依托的学院内选定自己的志向专业。三年级始，中山大学对学生按所确定的专业方向来培养。

2."本—（硕）博"贯通培养

中山大学对逸仙班的学生开通了本—硕、本—博直通车，即逸仙班学生只要每个学期的成绩都达到该班的合格水平，综合测评符合中山大学的规定，中山大学教务部审核通过后逸仙班即可获得直接攻读硕士研究生或博士研究生的资格。至于研究生的录取则由研究生院与相关学院导师进行二次遴选。

由于本科—博士（或硕士）直通，逸仙班中有志从事科学研究的学生可将大四的专业学习与研究生阶段的培养进行"无缝对接"。即进入四年级后，他们可在完成本科毕业论文、修满本科规定学分的基础上，在导师指导下提前修读研究生课程及开展相关课题研究。

另外，获得推免资格来攻读博士研究生资格的逸仙班学生，可在全校范围内挑选专业，但需要经所选专业的博士研究生导师同意并报研究生院批准。这种对直接攻读博士学位的学生实行的专业"全放开"的政策，于培养跨学科人才而言是一种新的尝试。

3. 配备高水平教师队伍，实行全程导学——导师制

为了让逸仙班学生得到名师指点，中山大学组成以院士、"长江学者"特聘教授、国家"千人计划"引进人才、国家"杰出青年科学基金"获得者、教学名师及海内外知名学者组成的师资队伍，推动"高智力引进工程"和学科领域知名教授牵头的"课程教学项目负责制"，充分发挥专家型教师示范作用，实行"课程教学团队制"。

中山大学根据多校区办学的特点，为了更好地发挥导学、导师的作用，给予学生 2 次选择及更换导学、导师的机会。即一年级或二年级学生通过双向选择，每 2～5 名学生可被配备 1 位导学。导学主要是引导学生如何改变角色，适应大学的学习生活，同时在学生选课及学习理念和方法上予以引导。三年级分专业后，学生可根据所选择的专

业在不同的学科范围内选择高水平的导师。四年级获得攻读博士或硕士研究生资格的学生，在双向选择下可进行导师调整，即从导学完全过渡到研究生导师。为促进导学、导师制度的落实，中山大学制定逸仙班全程导师制的相关办法。指导教师每学期面对面地辅导学生6次以上，每学年做1次辅导小结，中山大学还给予指导教师教学工作量的认定。

4. 科研兴趣与能力培养评定

中山大学对优秀学生的要求是，该生不仅学业成绩要好，还具有科学思维与科学创新精神。这种精神并非与生俱来，需要引导与培养。在政策上，中山大学提供合适的基础学科条件与支持平台并向优秀学生的开放（尤其是确保国家重点实验室、开放实验室、国家实验教学示范中心等向参与计划的学生开放），以培养学生的科研能力及科研创新精神。此外，中山大学加快推进学科交叉融合，实现多学科领域优质资源的交流与共享，促进学科发展与基地建设、人才培养、科技创新。

中山大学生命科学学院采取不定期举行科学讲座、安排跨学科实验课程、组织科学考察、开展科研项目设计与立项等多种措施，逐步引导、培养与激发学生的科研兴趣。其中，跨学科实验课与科研项目设计与立项的实施最受学生欢迎。

（1）跨学科实验课。中山大学生命科学学院要求逸仙班学生选1～2门非本学院的实验课，以体验不同学科的研究方法，达到培养多学科思维方式的目标。对逸仙班同学在一年级按大类培养安排课程。逸仙班的大类不同于一般的学科大类，它是涵盖4个学院的大类。每个学院须各设计1～2门基础实验课作为逸仙班的必修课，以此培养学生跨学科的思维与研究能力。此外，逸仙班学生可申请选修跨学院的专业实验课（由于实验课受仪器、设备的限制，故需要申请）。

（2）科研项目设计与立项。为了培养逸仙班学生的科研能力，《逸仙班管理条例》明确规定：在本科阶段学习过程中，中山大学对逸仙班学生在早期科研训练、课程修读、实践教学等方面全方位开通绿色通道；同时，创造条件以鼓励学生到国内外一流大学去交换学习或进行科研训练，引导学生形成兼容开放的文化精神，拓宽国际视野。为此，中山大学生命科学学院为逸仙班学生设立专项科研基金，每个项目资助5 000～10 000元，申报项目时需要撰写"中山大学逸仙班科研能力训练项目申请书"。项目经评审立项后，在导学的协助下，由申请人及团队独立完成，教务部与逸仙班管理者负责与各学院协调实验条件，包括实验室、仪器、试剂药品等。5届逸仙班中，中山大学先后批准了96个本科生科研项目，涉及物理学、化学、生物学、经济学及相关的跨学科领域。部分较高水平的项目还获得省级和国家级本科生创新训练计划项目的支持，这对培养学生独立设计课题、独立解决问题的能力起到较好的促进作用。

5. 人文素质与学习技能的培养

为了培养与提升逸仙班的人文素质，中山大学生命科学学院为逸仙班开设丰富的讲座。2021—2022年，该学院每周安排一个晚上作为讲座时间。王金发特别为逸仙班学生开设"学习艺术"系列讲座。该讲座的内容涵盖大学学习的方方面面，包括认识大学、大学规划、研究性学习、大学论文写作、科技项目设计与申报、思维导图的绘制、认识社团与团队、守时与守信等。"学习艺术"系列讲座对逸仙班学生做好规划，掌握学习技巧，提高个人修养等方面起积极作用。实践表明，思维导图的使用，让学生掌握一种科学学习的方法。这一方法对于制订学习计划，制定科研方案都是一种有效的工具。逸仙班学生已普遍能使用思维导图设计科研方案。

6. 培养效果

2006—2010 级这 5 届逸仙班共招收 527 名学生，其中，在逸仙班毕业的学生 435 人，另外 92 人因各种原因被分流出逸仙班。在逸仙班毕业的学生中，261 名学生在中山大学直接攻读博士学位，35 名学生选择攻读硕士学位，120 名学生出国、就业，19 名学生于次年才申请到合适学校和就业。这些数字显示中山大学生命科学学院对逸仙班学生的培养是人性化的，并且进行严格的质量控制。

在这 5 届学生中，先后有近 400 名逸仙班学生进入不同类型的实验室，参与不同层次的科研项目，其中，近 100 名学生参与国家大学生创新性实验计划项目，并公开发表相关的研究论文。优秀生案例包括：①2007 级生命科学方向的汤俊良运用生物和物理学科的专业知识，成功设计了基于电子方向定位技术的盲人导向装置，获第十一届"挑战杯"（航空航天）全国大学生课外学术科技作品竞赛三等奖和 2009 年广州高校学生知识产权创新赛优秀奖，其作品已入选为广东省科技馆首批 50 件永久展品。②2009 级江珊协助开发"长非编码 RNA-转录因子关系识别"模块，成果发表在 *Nucleic Acids Research* 上；同时带队参加 2012 年国际遗传工程机器大赛 iGEM，解决合成生物学中如何整合已有的生物信息学数据和系统生物学模型帮助合成生物学家设计实验方案的问题，所开发的 BiArkit 软件平台可自动化、一键式地帮助实验学家设计调控元件，改进系统并预测实验结果，获得亚洲区金奖和全球赛两项大奖的好成绩。③2010 级逸仙班赵宇晨作为中山大学本科生参加 2013 国际遗传工程的机器设计竞赛 iGEM，获得国际金奖。④2010 级化学方向学生参加台湾纺织工程学会第六十届年会并发表会议论文《聚乳酸与木粉制备生物可分解复材与性质之研究》。

三、关于逸仙班学生培养的思考

在 8 年的试验历程中，中山大学取得一些逸仙班的成功经验。例如，通识教育与大类培养、跨学科培养、弹性选课与弹性专业调整等都受到学生欢迎。本—博直通培养等方式对加强本科和研究生教育的衔接提供有益的探索。

逸仙班 8 年的历程并非一帆风顺，相反地，中山大学生命科学学院在不断探索，不断总结经验中崎岖前进。在教学实践中，该学院及时吸纳师生意见，并更好地体现以学生为本的理念，拓宽学生的发展路径，允许逸仙班本科毕业生的出口不仅可以是攻读博士学位，还可以是选择攻读校内外硕士学位、出国和就业。此外，该学院也在如何在教学管理机制上为物理、化学、生物学等基础学科之间，甚至基础学科与其他应用学科之间跨学科的课程安排提供条件进行积极的探索。

在教学实践中，考虑到建设创新型国家更需要的是人才群体，因此，中山大学生命科学学院将逸仙班学生培养定位于培养有潜质的优秀学生。从培养目标方面看，开设逸仙班的目的是试验与探索优秀学生的培养机制，及时总结取得的经验与体会，并将好的做法尽快推广到非逸仙班的学生培养中去。这是开设逸仙班的终极目标，因为非逸仙班的学生是高校学生的主体，提高绝大多数学生的整体培养水平是办学的主要目的。

为了贯彻落实《国家中长期教育改革和发展规划纲要（2010—2020年）》和《国家中长期人才发展规划纲要（2010—2020年）》精神，着眼于拔尖人才的基础性培养和战略性开发，培养具有国际一流水平的基础学科领域拔尖人才，教育部自2011年在19所院校开始实施"基础学科拔尖学生培养试验计划"。中山大学是这19所院校之一，并成立逸仙学院。相信8年逸仙班探索的经验与体会可供今后的工作参考。

参考文献

［1］宋秋蓉. 宁静致远：当前我国培养拔尖人才的一种思想境界：基于"基础学科拔尖学生培养试验计划"的分析［J］. 复旦教育论坛，2013，11（4）：18-23.

［2］王金发，邓少芝，陈慧，等. 跨学科创新人才培养的探索：中山大学"逸仙试验班"8年回眸［J］. 中国大学教学，2014，（12）：21-24，31.

［3］王明钰，沈煜，徐孝刚，等. 山东大学生物类拔尖人才培养模式的探索［J］. 高校生物学教学研究（电子版），2013，3（4）：3-6.

［4］王树国. 关于一流大学拔尖人才培养模式的思考［J］. 中国高等教育，2011，（2）：9-11.

［5］王小力，李宏荣，徐忠锋，等. 提高教学质量　创新拔尖人才培养［J］. 中国大学教学，2011，（12）：14-16.

［6］杨光明. 遵循规律　以改革试点促拔尖人才脱颖而出［J］. 中国高等教育，2013，（15）：27-29.

第十篇　生物科学类专业招生宣传的 ACTIVE 模式创新与实践

一、生物科学类专业招生宣传 ACTIVE 模式及主要解决的问题

1. 招生宣传 ACTIVE 模式简介

生源质量和数量是高校可持续发展的根本。高校"双一流"建设的一个重要考核指标是人才培养质量，而优质的生源质量是实现人才培养目标的重要保障。面对各种竞争和高考政策的改革，高考招生宣传具有重要性和紧迫性。根据中山大学"立德树人"的人才培养目标、秉承中山先生的"博学、审问、慎思、明辨、笃行"校训精神开展本科教育，坚持"五个融合"卓越人才培养体系方针，肩负"双一流"建设的战略发展目标，中山大学生命科学学院结合实际情况，形成招生宣传的主动（active）模式，经多年实践应用取得明显成效（图 10-1，附录四）。

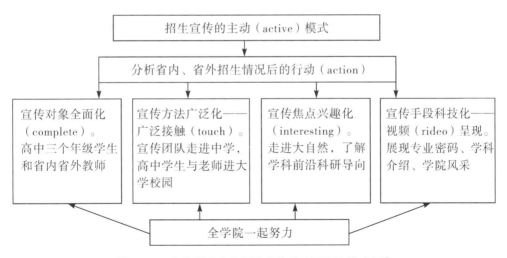

图 10-1　生物科学大类招生宣传的 ACTIVE 模式示意

自 2014 年，在中山大学大力开展招生宣传的政策支持下，中山大学生命科学学院改变被动、单一的宣传方式，主动积极制定新的策略；动员全学院的力量行动起来；在招生宣传的对象全面化，既包括高中 3 个年级的学生，又在中学教师方面做工作，既做好广东省内中学的工作，又辐射到全国重点中学；转换宣传的方式方法，让学生与教师广泛接触，宣传团队既走到中学课堂，又把优秀中学师生请到大学实验室、大学基地；

通过让高中生走进大自然以进行生物考察、参加招生团队的前沿讲座和科研导师的小课题，引导高中生的兴趣；制作系列的专业情况、学科发展和学院风采的视频，形成生物科学类专业的品牌；通过全体师生的共同努力，组织建立该学院的专业招生团队，采用借助多媒体展示品牌，开设科普讲座、周末营和夏令营走进自然，开设教师培训交流会，进行高考招生新政策解读、常态咨询等方式，构建常态化、数字化、规模化和立体化的招生宣传工作机制，以达到点燃学生对梦想追求的目的，大大提高生源质量。

图 10-2 显示，随着中山大学生命科学学院主动积极的宣传模式的开始和形成，生物科学大类专业招生的第一志愿率有 2 个飞跃式发展阶段。①2014—2016 年第一志愿率与 2011—2013 年的相比，前者提升了 10% 以上，这是中山大学生命科学学院开始实施 ACTIVE 宣传模式的阶段。②2018—2019 年是整个宣传模式形成的阶段，在广东或全国总的第一志愿率又有一个大幅度的提升。2020 年，因疫情影响，宣传工作停止。结合其他的影响因素，生物科学大类第一志愿率有所下降，但仍位居全校前 10 名。

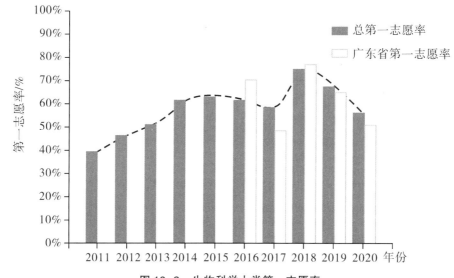

图 10-2　生物科学大类第一志愿率

2. 招生宣传主要解决的问题

（1）专业兴趣不强、专业思想不稳，入学后学习动力不足的问题。第一志愿率的提升，最主要的体现是提升中山大学生命科学学院的绝大部分本科学生对生物科学的兴趣，不少学生曾参加生物奥林匹克竞赛并获得不错的成绩。学生进校后对专业学习的态度大大改观，课程学习效率、科研训练的主动性都明显增加。

（2）大学与中学人才培养的相互隔离问题。人才成长是一个系统工作。特别是青年时期，大学与中学的互动对学生的兴趣引导、潜力挖掘有重要作用。中山大学生命科学学院从学生和教师两个方面着手，加强中学与大学的联系，构建共赢之路，对创新性人才培养有重要的作用。

（3）招生宣传方式单一、成效不足的问题。采用借助多媒体展示品牌，开设科普

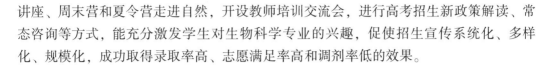

讲座、周末营和夏令营走进自然，开设教师培训交流会，进行高考招生新政策解读、常态咨询等方式，能充分激发学生对生物科学专业的兴趣，促使招生宣传系统化、多样化、规模化，成功取得录取率高、志愿满足率高和调剂率低的效果。

二、解决招生宣传问题的方法

中山大学生命科学学院仔细分析广东省及其他省份的高中学习、大学学习、往届学生报考等各方面的情况后，采取主动积极的宣传策略，制定《附录四　中山大学生命科学学院本科招生宣传工作小组规程》，动员全学院力量建立本科招生宣传团队，构建行动方案。在中山大学的统筹领导下，中山大学生命科学学院系统地开展本科招生宣传工作。活动形式多种多样，既有进中学校园的专题讲座，又有把中学教师和学生请到大学校园的周末营、夏令营、教师交流与培训等内容丰富的活动，广泛建立与广东省及全国重点中学的联系，加强与中学的交流和合作，扩大中山大学生物科学专业的知名度和影响力。

1. 引发兴趣第一

人类从认识世界到认识自身，从保护自然到对抗疾病、保护自身，有太多生命的奥秘需要解开，太多的健康密码需要找寻。中山大学生命科学学院把招生宣传的对象扩大到整个高中 3 个年级的学生，在部分学校甚至扩大到初中生。对高三学生主要是专业选择的引导，而对低年级学生则是生物科学兴趣的培养。对低年级学生进行兴趣引导，主要通过举办全国中学生夏令营、中学生周末营的形式去落实。针对学生对生物的兴趣，选择相关重点中学，采用"走出去"的交流方法，组织教授参与中学系列讲座。中山大学生命科学学院选拔了讲课生动、对学科知识掌握深厚的教师，由其提出并开展面向中学生的 15 个讲座专题，同时配合其他学院的招生宣传工作，先后有 30 多名教授（含院士）、管理人员和学生参与其他学院组织的广东省外和广东省内重点中学招生宣传工作。中山大学生命科学学院广泛建立与广东省乃至全国重点中学的联系，用优秀的专业教师吸引优秀的学生，并激发学生对生物学的兴趣。

2. 中山大学生命科学学院生物科学专业的品牌效应

中山大学生命科学学院采用"请进来"的交流方法，培训中学教师，举办了第一届全国中学教师生物学教学提升交流会。98 位来自全国各地的中学教师参加此次会议。中山大学生命科学学院领导介绍了该学院情况并开展多个讲座，充分介绍该学院的专业品牌（生物科学专业、生物技术专业和生态学专业为国家级一流专业建设点）、师资水平和学生去向，获得中学教师的认可；参会中学教师还参与校内动植物学实习，充分认识中山大学教师的专业风采、渊博知识和人格魅力。

中山大学生命科学学院对中学教师进行实验操作培训，加强相关专业对口宣传，举办"高中生物学科实验操作专项培训班"。广东省 25 所中学近 60 位生物教师参加培训学习。在国家级生物学实验示范中心进行培训，既加深了教师对中山大学的印象，又扩大中山大学的社会影响力。

中山大学生命科学学院鼓励中学生走进大学参观和访学。佛山市顺德区勒流中学100余名师生到中山大学生命科学学院参观，中山大学生命科学学院专门为师生举办专题讲座，给师生留下深刻印象。

3. 组织"点对点"的高校、中学之间校际共赢共创教学活动

中山大学生命科学学院自2013年积极参与广东省科学技术协会组织的中学生英才计划。学生来自广东省内各重点中学。经过选拔，8年时间内中山大学生命科学学院共有7位教师参加中学生培训，每位导师带2~5名学生。学生进入导师实验室，参加组会和外出实践活动；导师指导学生阅读和写作等。

中山大学生命科学学院利用实习点进行重点中学科学考察活动，培养学生兴趣。2016年，中山大学生命科学学院组织广东省中学生"英才计划"（数理化生方向）学生参加中山大学生命科学学院组织的黑石顶自然保护区野外生物科学考察活动。参加本次活动的学员及带队教师共45人，来源广泛，包括华南师范大学附属中学、广东广雅中学、广州市执信中学、广东实验中学、广州市天河外国语学校、广州市第十七中学和佛山市第一中学的师生。本次活动加深各校各专业师生之间的交流，使学生对生物有更进一步的了解。

中山大学生命科学学院主动加强与中学学校的联系。中山大学生命科学学院参加中学生物教材编写，与中学进行长期沟通与合作，定期举办讲座、培训活动，分享数据和视频资料。

4. 对学生进行人文关怀，加强多媒体互动

中山大学生命科学学院定期举办校园开放日活动。中山大学生命科学学院各专业负责人、有经验的教师和优秀学生分别参加校园开放日，举办"逸仙生命讲坛"等学术讲座，为本科生开展前沿进展讲座和学术生涯规划讲座，同时开放国家博物馆和国家生物学实验示范中心。教师热情地对待宣传工作，对专业和政策进行解读，对学生的困惑进行解答和引导，对人生规划等进行探讨。

中山大学生命科学学院强化重点对口城市的宣传。在清远和佛山的招生宣传活动中，中山大学生命科学学院介绍中山大学情况，通过电视台直播解答家长和学生的问题；派发宣传品，宣传手册主要由院长寄语、学院简介、专业介绍、学子风采、深造就业和校友成就等内容构成；对高中学生进行有效宣传，解答填报志愿和专业的问题。

中山大学生命科学学院积极录制招生宣传视频，扩大影响。近年来中山大学生命科学学院先后录制《专业的秘密》《生物技术专业——秒懂专业》科普视频、强基计划简介视频、本科招生指南宣传视频和院史微电影《行·先》，加强网络宣传，取得良好的社会影响。

中山大学生命科学学院针对新的招生政策和改革制度，及时调整招选方式。中山大学生命科学学院出台强基班和拔尖班政策，同时在一年级大类中做好招生宣传工作，在做好10多个讲座的同时，带学生到教师实验室参观，让有兴趣的学生及早进入实验室。

三、招生宣传创新点

中山大学生命科学学院构建生物科学大类招生宣传模式。中山大学生命科学学院采取积极主动的策略，动员全学院的力量，从宣传对象、宣传的方式方法、宣传的突破点、宣传手段等各方面进行系统性全方位的创新实践，效果显著，招生生源质量明显提高。学生生源质量提高后，培养效果也跟着明显提升。近年来，中山大学生命科学学院培养了大批"德智体美劳"全面发展的优秀生命科学人才，本科生深造率逾 70%，大部分学生在国内外著名高校继续深造。

建立大学与中学人才培养的互动共赢模式。中山大学生命科学学院全面扩大宣传对象，涵盖中学学生和教师；以兴趣培养和专业选择为主要内容，广泛接触省内省外重点中学，整合资源，以系统性、针对性、创新性和有效性为主线，令专业教师"走出去"到中学课堂，将中学师生"请进来"到大学实验室、教学基地。通过一系列的讲座、夏令营和周末营及其他的活动，建立与省内省外重点中学的联系与开展教学项目建设，做到互相了解，互利共创。

构建模块化宣传内容进行线上、线下宣传。组建高素质的团队，每个成员宣传的内容相对固定，一起构成中山大学生命科学学院的宣传模块；以讲故事和案例的形式激发学生兴趣，从宏观到微观全面构建宣传内容，如转基因药物与健康、病毒与细菌、动物养殖、海洋资源开发和 DNA 测试破案等，根据不同中学的要求和教学项目的差别，派出专业教师与中学师生互动。中山大学生命科学学院推出招生宣传视频、精品视频课、素质课，介绍部分慕课、微课，采用线上、线下的方法，为学生了解专业、学院和大学课程提供机会。

四、推广应用效果

根据教育部为建设高水平本科教育和人才培养质量提出的"以本为主""四个回归"要求，为展示中山大学"双一流"学科的成就，凝聚专业特色，中山大学坚持把招生工作作为重点工作来推进。中山大学生命科学学院探索了招生宣传的重要性、主要途径和共建模式，主动出击，走进多所广东省重点中学，从初中开始引导学生报生物等学科；实现大学、中学共赢共创，采用互利互助的方法，将中学师生"请进来"，令大学教授"走出去"的办法进行招生宣传。中山大学生命科学学院招生宣传团队以"用优秀的人吸引更优秀人才"为理念，充分了解高考改革招生政策和本科教育培养体系，以人文关怀的思想，以专业品牌为引，采用兴趣组织、实践体验和新兴媒体等多种方法进行宣传，展现高度热情和专业精神，为吸引优秀人才不辞辛苦。成效主要体现在中山大学生物科学类招生的学生报考志愿率和投档分数上。以 2019 年录取为例，在全国的生物科学类报考中第一志愿率达到 70%，在广东第一志愿和第二志愿报考率达到 85%；中山大学生物科学类在广东的招生最低分为 614 分，比理科优先投档线 495 分高 119 分，比中山大学理科投档线 595 分高 19 分。

其他的推广途径和成效如下：

（1）通过开展讲座、进行实践教学、制作招生宣传视频或开展实验操作培训等系统化、规模化、常态化的宣传工作，采取"请进来""走出去"策略，受到中学师生的热情欢迎。

（2）中山大学生命科学学院配合广东省科学技术协会和广州市科学技术协会来培养中学生，成为对生物感兴趣的学生的培养摇篮。中学生参加生物学野外实习后撰写心得体会 30 多篇。指导教师组织分组报告和进行点评。野外实习训练了学生团队合作精神和野外吃苦耐劳的精神。

（3）2019 级和 2020 级学生在中学时获省级以上生物联赛奖项 25 项。中山大学生命科学学院吸引了真正对生物感兴趣的学生，为大学培养打下良好基础。

（4）"大学与中学融合"有效点燃了学生对生物和保护生态环境的热情，充分展示中山大学的人文精神、学术风采和学生风貌，展示"双一流"学科的优势，展示教学科研的能力和潜力。为保持长期共享和合作关系，中山大学生命科学学院还在重点中学挂牌，让重点中学作为优质生源基地。

五、存在问题

中山大学生命科学学院系统地开展招生宣传工作，尽管活动内容丰富，形式多样，但还有值得改进之处。①面向广东省重点中学，走进中学校园的活动偏少，对广东省重点中学的宣传不够，对优秀学生的生物科学专业兴趣引导不够。建议对广东省重点中学进行优质生源基地挂牌，进一步加强宣传讲座。②中山大学生命科学学院虽然一直申请主办生物科学奥林匹克比赛，但没有取得实质进展，没有形成以生物奥林匹克竞赛来选拔优秀中学生的机制。③在"中学生英才计划"方面的工作还没有广泛普及，尽管导师认真负责，形成一定的影响，但报名人数过多，而导师人数太少，对"中学生英才计划"学生的培养和本科引导力度不够大，没有形成借"中学生英才计划"促进本科招生的影响力。

六、未来计划

在之前招生宣传积累的经验基础上，中山大学生命科学学院力求把周末营、夏令营及生物教师培训形成制度化、常态化项目，定期举行这些活动，将其打造成中山大学生命科学学院招生宣传的品牌；系统地进行广东省重点中学的生物科学兴趣引导宣讲工作，把优秀的学生引导到生命科学领域；争取获得广东省生物科学奥林匹克竞赛的主办权，打造从中学到本科的人才选拔模式，选拔优秀人才进入生命科学领域并成长为学术大师，或者是服务于社会主义强国的领军人才。

参考文献

［1］何素敏，项辉，崔隽. 生物科学类专业招生宣传的 ACTIVE 模式创新与实践［J］. 教育教学论坛，2022，（17）：109−112.

［2］宋嵩，马晓红，王慕雅等. 后喻文化背景下高校招生拓展模式研究［J］. 产业与科技论坛，2022，21（3）：235−236.

［3］阳韬，刘荣. 网格化体系下高校招生宣传管理机制的探索与思考［J］. 盐城工学院学报（社会科学版），2021，34（6）：96−99.

［4］阳韬，关荣锋. 大数据与网格化协调提升高校招生宣传工作管理效能［J］. 教育与考试，2021，（6）：15−22.

第十一篇 本科生专业知识竞赛参赛"三部曲"实践模式与探索
——以中山大学生物学科为例

高校作为传播知识、培养创新人才的集中地，拥有丰富的教学资源、完善的教学管理体系、知名教授和优秀学生。生命科学作为自然科学的重要分支，在教学过程中应注重培养学生的实践创新能力，训练学生能够成为高素质的领军人才。学科竞赛的开展有助于对学生知识的巩固、动手能力的锻炼及创新思维的培养。经过动员和组织，中山大学生命科学学院每年有50多支队伍参加竞赛，约100名学生参与。虽然他们取得一些成绩，这些成绩对学生和该学院评估也起到一定的作用，但真正能认真做好的队伍并不多。究其原因，这与条件和学生态度有很大联系。

受全国大学生生命科学竞赛委员会的委托，中山大学多次承办广东省大学生生命科学竞赛；作为广东省大学生生命科学竞赛秘书单位，中山大学生命科学学院每年组织20多所高校进行省级比赛，全省每年共300多支队伍参加竞赛。如何更好地管理好学科竞赛，有待进一步探讨。因此，建立和实施有效的管理策略，真正做到学研相长，促进学习与竞赛融会贯通，也被提上议事日程。

一、中山大学实施生物学科本科生竞赛的现状

为培养大学生的创新意识、团队精神和实践能力，拓宽科学视野，增强社会责任感，促进生命科学学科教学改革，提高人才培养质量，中山大学生命科学学院积极组织学生参加各类科研赛。目前，国内外生物学科本科学生竞赛主要包括 iGEM、全国大学生生命科学创新创业大赛和全国大学生生命科学竞赛、数学建模竞赛、"挑战杯"、广东省大学生生物化学实验技能大赛等。在教师和学生的共同努力下，中山大学生物学科（含生物科学、生物技术和生态学专业）本科生积极参与标志性大赛并取得一些成果（表11-1）：连续6年获 iGEM 金奖，自2014年获省级以上奖项80多项。

表 11-1 2014—2021 年中山大学生命科学院学生参加学科竞赛获奖情况

竞赛项目	统计起始 时间/年	一等奖	二等奖	三等奖	优胜奖
国际基因工程机器大赛	2014—2020	获金奖 6 项			
美国大学生数学建模竞赛	2017—2021	3	3	6	—
全国大学生生命科学创新创业大赛	2018—2021	6	9	6	—
全国大学生生命科学竞赛	2016—2021	2	4	8	2
全国大学生数学建模大赛	2017—2020	2	3	2	—
全国大学生数学建模大赛广东省分赛	2017—2020	2	1	0	—
"挑战杯"	2014—2019	2014 年，获金奖 1 项；2019 年，获三等奖 1 项，特等奖 1 项			
广东省大学生生物化学实验技能大赛	2014—2021	共获得 10 项			

二、在校本科生竞赛参赛问卷内容和问卷结果

为了更好地掌握学生参加竞赛的情况和看法，了解课外活动会不会影响学生正常学习、参赛对学生有何帮助或学生有何问题等，中山大学生命科学学院设计问卷，对近年来参赛的学生从以下几个主要指标（表 11-2）进行问卷调查和分析，以便更好地采取针对性措施解决问题，进一步提高学生参赛的积极性，促进学生竞赛的全过程实践，保证项目的产出质量。

表 11-2 问卷指标

序号	问卷指标
1	你的年级专业排名
2	是否有专业兴趣
3	对课堂知识是否可以较无压力地掌握
4	遇到不理解的知识最倾向的解决办法
5	你每天的平均学习时间（不包括上课）
6	除了上课，你愿意参与的活动
7	参赛课题的获得方法
8	参赛的成果和满意度
9	参加课外科技竞赛的收获

中山大学生命科学学院通过本次问卷调查共收到 42 份问卷。参与竞赛的学生大多成绩较好，无人"挂科"，在全级成绩排名前 30% 的占本次问卷调查者的 47.62%，其中排名在前 10% 的有 9 人，占 21.43%；排名在前 10%～20% 的有 5 人，占 11.9%；排

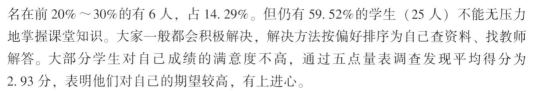

名在前 20%～30%的有 6 人，占 14.29%。但仍有 59.52%的学生（25 人）不能无压力地掌握课堂知识。大家一般都会积极解决，解决方法按偏好排序为自己查资料、找教师解答。大部分学生对自己成绩的满意度不高，通过五点量表调查发现平均得分为 2.93 分，表明他们对自己的期望较高，有上进心。

参与竞赛的同学有较高的自主学习积极性，71.43%的学生（30 人）每天的平均自主学习时间（不包括上课）为 1～3 h，21.43%的（9 人）为 4～6 h，7.14%的（3 人）为 7～9 h。除了上课，同学们平时愿意参与多种活动。参与竞赛的学生有 45.24%的（19 人）参与不止一项课外科技竞赛，其中有 7.14%的（3 人）参与 4 项及以上竞赛，说明参与竞赛有一定的兴趣导向，学生对竞赛的热情较高。通过问卷调查发现同学们对自己专业的兴趣平均得分为 3.67，表明大多数学生对专业有兴趣，与他们乐意参与竞赛的行为相吻合。参与竞赛的同学与导师（实验室）的关系很好，问卷调查的平均得分为 4.38。学生经常参与导师实验室活动（包括组会），每月参加 5 次以上的占 38%，参加 1～2 次的占 33%。

参与竞赛的学生与同学讨论较多，基本上每月都有讨论、交流，每月频次为 1～3 次的占 38%，4～6 次的占 28.6%，6 次以上的占 28.6%。但是学生在阅读文献方面可能积极性不足，52.38%的学生（22 人）表示不常看文献；47.62%的学生常看文献，每月大概看 3～5 篇文献。看英文文献的学生相对更少，57.14%的学生（24 人）表示不常看英文文献；42.86%的学生常看英文文献，每月大概看 3 篇英文文献。学生阅读英文论文时如碰到不懂的内容会积极解决，大多数学生选择查阅更多资料。解决方式统计如下：查更多资料，占所有解决方式的 71.4%；向教师请教，占 7.14%；在小组讨论，占 4.76%。调查者中主持竞赛的经历统计如下：主持过 2 项以上的占 16.67%，3 项以上的占 4.76%。在寻找课题方面，大部分学生的课题来自实验室项目的分支或与他人组队合作产生，但也有部分学生按自己兴趣选题，或者做课程延展相关的课题，这表明学生有一定的探索创新精神，但还需要加强自主思考和创新的主动性。在学生的课题来源方式上，90.48%学生的项目或竞赛内容与"科研训练课程"相关。大部分（61.90%）学生的课题与其他学科无交叉，交叉情况如下（其他包括 4 人计算机，1 人医学，还有物理、化学、人文社科及其他）。项目或竞赛的成果产出较少，66.67%学生的项目无产出，产出情况如下：发表论文的占 23.80%，其他的占 9.50%。69.05%学生表示在参与项目、比赛中遇到困难，79.30%的学生对科研内容不够理解，团队分工合作较差的占 20.7%。但学生会积极寻找方法解决问题，无人放弃，这表明学生对兴趣和项目有恒心，不会因难而退缩。科研训练对学生解决问题和个人发展有一定的帮助，学生解决问题途径如下：向前辈寻求帮助，占 40.48%；小组讨论，占 38.1%；查阅文献，占 14.3%。

学生对自己参与的比赛的满意度不是很高，54.76%的学生对比赛持中性态度，42.86%的学生对比赛比较满意，仅有 1 名学生对自己参与的比赛非常满意。97.62%的学生认为参加课外竞赛、项目使自己的团队合作能力有所提升，也对课程学习有所帮助，并且对许多方面都有帮助。最后一个问题——"参加课外科技竞赛你有何收获"——可自由填写，部分学生回答为：①在科技竞赛中学生真正进入实验室，学习到与课本、课堂截然不同的实践知识，可感受实验室的科研氛围，这是学生喜欢的氛围，为其专业选择，甚至未来规划增添坚定的信念。②在研究课题时，学生在向教师请教，向师兄师姐学习，与组员讨论等过程中都可收获科研经验。③学生在实践中不断进步。虽然学生每次都会遇到众多问题，可能也有无法解决的一些情况，但是每次受挫经历都有很多的收获，这于学生而言比"顺风顺水"重要。学习到的实验技能对课堂内容的学习和理解也有帮助。④学生更深入理解了研究的课题，产生更加浓厚的兴趣，团队合作能力得以增强。⑤学生了解了更多热门的生物研究领域，对整个科研过程有了直观的理解，并学到不少技术。

竞赛要求注重过程管理。在培养团队合作精神及应用方面，学生的感受为：①项目一，从珠江河口底泥中分离出 5 株可高效降解多环芳烃的细菌，并分析它们的实际应用潜力，旨在以实验室规模的调查提供有关生物修复技术原位应用的有价值的信息。该项目获得中山大学 2020 年大学生创新创业训练计划项目国家级立项，在中山大学的资助下顺利结题，并获得 2021 年度全国大学生生命科学竞赛二等奖。有的团队只是在比赛前才进行实验，平时没有足够重视，对数据分析不够，这是分数不高的原因之一。②一定要合理地安排好实验进度，最好以日为单位安排好每一个成员的工作任务，尽可能地精确一些，但也不必太过死板。在每个大的最后截止日期（如各种材料的最后上传期限）之前，一定要预留至少 1 周的修改和整理时间，不可以把进度都推后。对一切事情应尽早安排，尽早着手，千万不能拖延。

三、实施参赛"三部曲"的具体策略

根据问卷调查结果，中山大学生命科学学院加以分析总结，做出以下参赛"三部曲"的具体策略。

1. 以"引兴趣、爱实践"为前提

兴趣是最好的老师。不少学生对生物很感兴趣，在高中时就参加过生物竞赛；在动植物、生化细胞、基因遗传、生态学等方面，学生也乐于参与中山大学生命科学学院的野外实践和书籍的编写、出版工作，如《康乐芳草》《康乐园大型真菌图鉴》等。中山大学生命科学学院也积极采取各种措施，从源头上提高学生的积极性，对拔尖学生开设小班讨论课和兴趣班，以及实验技能系列课。为调动学生的积极性，中山大学生命科学学院修订培养方案，将"科研训练"变为必修课，计入学分。中山大学生命科学学院全面实施导师制，在导师制度体系中，有"传道、授业、解惑"3 项任务，导师始终把"传道"放在第一位，在指导学生学习、科研训练的过程中，更加注意指导道德修养、人格形成、思想政治倾向、心理健康，以及科学精神和人文精神的统一。

本科生导师制为中山大学生命科学学院本科第二课堂必修内容，所有本科生必须参加。结合专业培养方案的科研训练要求，中山大学生命科学学院鼓励本科生多接触不同

专业学科领域知识，学生在第 1 至第 5 学期可分别选择 1 位导师，也可固定 1 位导师指导学业，并完成每个学期 1 个学分的科研训练。从第 6 学期开始进入毕业论文阶段，导师相对固定，学生选择一位导师进行指导，完成毕业论文的开题、中期检查、定稿及论文答辩过程。从大一开始，中山大学生命科学学院鼓励学生多参加科研训练活动，建议学生申报大学生创新创业项目。中山大学生命科学学院每年有 30 多个项目立项，加上拔尖班、强基班的科研训练经费支持，支持力度更大，从而改变原来灌输式的教学方法和人才培养实践教学环节少的状况，提高了学生创新实践的科研能力。学生得到项目经费支持后，在导师的指导下，按时保质保量地参加实验室训练，完成后撰写论文或参加竞赛。另外，为学生竞赛获奖者计算综合学分绩点，给予奖学金。学生在申请到国内外知名大学或科研院所深造时，学院也可以开具证明，以便学生更好地申请成功。

2. 以"建思路、强创新"为武器

中山大学生命科学学院鼓励学生创新性、探究性学习，100% 的学生参加课外科研训练。学生根据自己的兴趣和爱好，提出参赛课题，跟导师共同构建思路，导师将学科发展前沿动态和最新科研成果跟学生分享，形成大学本科阶段从"感兴趣"，到"悟门道"的学习闭环。中山大学生命科学学院要求学生进行选题设计，要有一定的创新精神，有利于学生参与老师的实验室研究，自主实施，进行团队分工，提高团队的凝聚力和毅力。即使失败了也要找出原因，重在参与，从而提高负责人的组织协调能力。学生还需要了解前沿科学，合作完成实验，形成团队精神，撰写总结报告等，在学习中成长，在比赛中磨砺，在学懂做实上下真功夫，做到"寓研于学、以赛促学"。

创新研究成果可及时转化为竞赛项目，从而选拔优秀学生项目参加竞赛。本科生科研资助计划实施目的是在本科教学中营造浓厚的学术科研氛围，通过立项资助的方式为本科生创造参与科学研究的机会，促进本科生创新思维、科研能力和实践技能的培养。本科生科研项目由学院统一组织学生申报、审核、过程管理和结题管理。学院鼓励跨学科开展合作研究，提倡学科资源共享。经过 1 年的训练，培养学生良好的学习方法和科学思维。答辩结题后出现一批优秀项目，学院鼓励学生积极参加学院组织的生命科学学科竞赛。

3. 以"引思考、重管理"为终极要义

由于学生学业繁重，加上部分学生对项目和竞赛重视不够，他们认为申报了即可，不重视能否完成项目或竞赛得奖。针对这种情况，中山大学生命科学学院积极落实科研与教学深度融合措施。①完善制度，用最优秀的人培养更优秀的人——大力推动教授上讲台，其中实践教学教师占 40%。②编制《中山大学生命科学学院本科生导师制实施细则》，全面推动和落实全程学业和科研训练导师制。③建立学生参与科研训练项目制度，鼓励学生创新性、探究性学习。100% 的学生参加课外科研训练，每年以第一作者发表学术文章近 10 篇。④制定《中山大学生命科学学院本科生科研项目管理办法》、项目管理流程图和经费报账指南，做到过程管理细化，使学生觉得有责任完成任务，做好准备工作，并积极参加竞赛。

中山大学生命科学学院对竞赛项目有支持保障手段。项目管理团队由中山大学生命科学学院负责教学的领导、教务部人员、实验中心人员和学生工作人员组成。负责本科教学的副院长和教务专门管理人员，协调教师和学生的教学工作均为其本职工作，时间上得到充分保证。导师一方面完成本科教学的职责；另一方面对学生培养的质量负责，并将这些工作与绩效密切关联，这促使教师投入更多时间精力到优秀本科学生的指导中。中山大学生命科学学院实验中心是国家级生物学基础教学示范中心。加强本科教学设备共享平台建设，促进实验室资源整合，实现功能集约，充分开放共享，不仅可极大地提升中心的设备水平及教学容量，也可以拓展该示范中心的科研支撑功能。该平台建设为全院近千名本科生的"开放式、研究性、创新性"实验教学顺利开展提供强有力的保障，同时也为学科领域前沿实验技术的引入及上百个各类大学生创新创业训练项目和竞赛的开展提供强有力的条件支撑。

中山大学生命科学学院还拓展研究性学习的时间和空间，推动实验室、科研基地向本科生更大范围地开放共享；通过科研训练课程实行由导师负责的个性化培养方案，让学生尽早进入科研一线实习，并指导学生参加各类竞赛，落实教研室本科生人才培养任务；通过开展生物学野外实习、生产实习、生态学综合实习、产学研实习等系列实践课程研究性实习，推动多专业知识能力交叉融合。

当然，注重管理、做好计划、组织和安排是关键。中山大学生命科学学院对本科生竞赛进行组织的流程见图11-1。

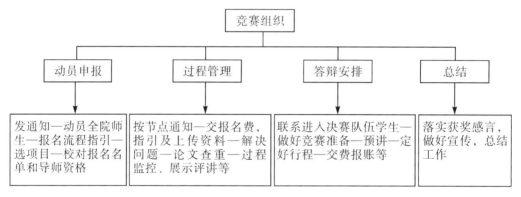

图 11-1　竞赛组织流程

四、问题和总结

高质量地完成竞赛项目的最主要目的是提高实验操作水平。只有通过对实验不断地进行总结，分析查找实验过程中存在的问题和不足，使学生逐步养成严谨求实、科学规范的学习习惯，才能提高学生的实验操作水平和解决实际问题的能力。经过多年的经验探索，从师生的反映和成绩来看，作者认为本科生竞赛还可以在以下四方面加强：

（1）充分调动指导教师的积极性，保障实验经费。不少教授不够重视本科生的培养，认为带好研究生就行，思想上不认真接受本科生进入团队实验。

（2）强化实践教学，加强实训基地建设。多增加实习基地建设点，让学生平时参观实习，认识生物应用和扩宽视野。加强与企业、政府和自然保护区的合作，创新人才培养机制，构建理论和实践相互渗透和相互融合的教学团队，并打造特色课程。利用各种资源，开展国际合作，课程设置与国际著名高校逐步接轨，开拓学生专业视野，真正培养"面向现代化，面向世界，面向未来"的高素质人才，从而进一步提高人才培养质量和办学层次。加强产学研合作，利用地方优势，打造粤港澳生命科学创新性人才协同育人平台，组织学生到企业参观实习和参加生物科学竞赛，做好创新课题申报科研项目转化。

（3）为培养多学科交叉人才做贡献，加强交叉学科融合。根据2022年中山大学《以高质量党建推动学校事业内涵式高质量发展》的报告，中山大学对"全面提升高等教育根本质量、整体质量、服务质量，加快完善高等教育发展中国范式，走好人才自主培养之路做出了全面部署"。高校立身之本在于立德树人，以学科交叉融合为重点，中山大学已经在生命医学、人工智能、电子信息、国家治理、海洋科学及其他基础前沿学科等领域组织建设学科集群，推动文理医工多学科深度融合，积极培育学科增长点，逐步形成学科交叉融合发展优势，这是推动中山大学内涵式高质量发展的重点。例如，管理学生"大创"项目和竞赛时，尽管已有学生将生物和计算机、经济、管理和社会学联合申请竞赛或项目，但不多，可以鼓励更多学生根据学科交叉原则，扩宽思路和创新思维，做好课题合作。同时也可以跟美育、艺术结合，品味专业之趣，领悟生命之美，鼓励学生敢闯敢创，树立团队集体意识，为项目的改革积累经验，为培养拔尖人才选才育人，实行内涵式发展。

（4）向其他高校学习。以广东省参与竞赛的高校为例，近年来得奖比较多的高校还有深圳大学、汕头大学。一方面，他们的导师认真负责；另一方面，学生也比较重视。让师生真正做到互促互学，才能做好竞赛工作。

五、结语

中山大学生命科学学院坚持落实立德树人的根本任务，秉承"全人培养，学有专长"的教育理念，致力于培养具备"守正笃实、团结创新、追求卓越"的生命科学创新型人才，具有新型学习力、创新力和行动力的"三力"复合型人才，积极鼓励、组织优秀学子参加各类学术竞赛。竞赛取得的成绩激发了学生的创新意识，培养了学生在生命科学领域的浓厚兴趣，强化了学生们的团队协作精神和科学创新思维。

参考文献

[1] 何素敏，项辉，崔隽. 本科生知识竞赛参赛"三部曲"实践与探索：以中山大学生物学科为例，教育教学论坛，2022，9（37）：93-96.

[2] 廖政达. 化学实验技能竞赛与高职院校学生实践能力培养探究：以柳州师专化学与生命科学系为例 [J]. 柳州师专学报，2012，27（4）：114-116.

[3] 陆菁菁. 提升学生创新能力的学科竞赛管理体系构建与实践：以生命科学为例 [J]. 浙江万里学院学报，2018，（1）：113-116.

[4] 吴平，黄本笑，张芳. 实施"国家大学生创新性实验计划"的进展与探索 [J]. 高等理科教育，2009，（3）：72-75.

第十二篇 本科毕业生质量跟踪分析

一、问题

1. 对本科生缺乏系统性的数据化动态质量监控跟踪体系

实行大类招生，帮助学生从高中进入大学学习及之后的深造或就业，建立毕业生质量跟踪体系，培养适应社会的发展和需求的高素质创新型人才是高校教育的目的。学生产出与社会需求脱节是高等教育的一大弊病。为有效改进这种状况，教育部实行"学生中心、产出导向、持续改进"的高等学校质量监测认证专业体系认证管理。该管理理念强调遵循学生成长成才规律，以学生为中心配置教育资源、组织课程和实施教学；以产出为导向，强调以学习效果为导向，对照社会对毕业生核心能力素质的要求，评价专业人才培养质量；持续改进，强调对专业教学进行全方位、全过程评价，并将评价结果应用于教学改进，推动专业人才培养质量的持续提升。

为打破缺乏系统性的数据化操作管理平台的僵局，进行动态质量监控，中山大学生命科学学院探索并构建与生物相关专业的监控评估本科生教育教学质量的创新运行体系，按照学校—教育部门引导—毕业生评价—用人单位为一体的，以校内成绩、毕业生学生问卷与单位实践考核相结合的跟踪调查制度，形成校内外有机结合的有效评价体系。按"质量为基、标准先行"的原则，运用问卷等多种方法，采取常态监测与周期性认证相结合、在线监测与进校考查相结合、定量分析与定性判断相结合、学校举证与专家查证相结合等多种认证方法，采集相关信息，动态反馈和持续改进，多维度、多视角监测评价专业教学质量状况。

2. 对毕业生质量跟踪监控缺乏针对性的管理办法

一直以来，对毕业生跟踪是学校的一项弱项。高校最重要的使命是为社会培养和输送高质量的人才。专业质量国家标准的建立可以促进高校切实提高本科教学质量，达到以评促教的作用。标准特点之一是既有"定性"又有"定量"，既对各专业类标准提出定性要求，又包含必要的量化指标，能够做到可比较、可核查。为此，建立一个常态的学生学习成效数据分析系统，除内部评价外，还要进行外部评价，在规范管理的同时，对毕业生、用人单位及校友进行问卷调查，从而分析原因，进一步干预和改进教学，是相当关键的。这有利于对中山大学生命科学学院在校本科生进行质量跟踪与毕业后质量跟踪分析，既对学生入学成绩及毕业成绩对比、学位率及深造率、去向及成就等做一些调查分析，也为日后的招生宣传提供一些调查数据，打破"生物专业就业难"的传统谣言。

二、基于在校本科生质量跟踪与毕业后质量跟踪分析体系构建及其问卷具体内容和结果

对学生的入学成绩、在校成绩、学位资格评定、深造率进行分析，从毕业生和用人单位问卷调查入手，动态监控、分析教学全过程，同时评价教学质量，使人才培养质量达到社会、用人单位、学生、家长和学校都满意的效果。

1. 对在校本科生进行质量跟踪

据中国管理科学研究院"2019中国大学评价·2019年中国大学新生质量与毕业生质量对照排行榜"，中山大学的入学质量等级是 A^{++}，而毕业质量是 A^+。中山大学生命科学学院的入学成绩在全校排名属中等，说明学生毕业质量还有待进一步改进。

（1）对近几届的学生入学成绩进行分析，并与毕业时的成绩做对比，对差别比较大的学生进行了解分析，对一些没有获得学位的学生进行原因分析，对几届学生没有获得学位的学生进行统计分析，加强管理。

2012—2016级高考第一志愿率为62.5%，2016—2020级高考第一志愿率为64%。近几年，经过努力，2018—2019级平均第一志愿率为72%。中山大学生命科学学院学生的广东省录取排位平均在3 000~4 000位，平均分数为623分，在全校为平均水平。2015级学生在校4年的各专业必修课平均绩点为3.35（83.5分），成绩优良。2012—2015级（2016—2019届）学生共882人，其中毕业人数共857人，获学士学位856人；毕业当年未毕业学生共25人（占总人数的2.8%）。这些没有毕业的学生大部分是大学期间生病或沉迷网络，对自己要求太高造成抑郁或放松学习。但有的确实是基础比较差，如特殊地区学生或部分港澳台学生和留学生。

（2）对一流专业建设点的评价体系"学生毕业要求标准"对比学习成效分析，对近几年的深造率和就业去向数据进行分析。

中山大学生命科学学院生物技术专业的境内深造人数占专业毕业生就业深造人数平均比例为54%，境外深造人数占专业毕业生就业深造人数平均比例为25%；生态学专业的境内深造占专业毕业生就业深造人数平均比例为50%，境外深造人数占专业毕业生就业深造人数平均比例为17%；生物科学专业的境内深造人数占专业毕业生就业深造人数平均比例为52%，境外深造人数占专业毕业生就业深造人数平均比例为25%；学生毕业第一年，各专业深造人数约占专业毕业生人数的70%。深造率与其他专业相比，相对比较高，说明研究型大学的学生以继续深造为主，为培养高质量人才输送生力军。

2. 对毕业生进行质量跟踪

若要分析学生的培养质量，还要对毕业生及用人单位进行跟踪调查。2018年中国高校毕业生薪酬排行榜前200名中，理工类专业的薪酬水平高，其中的生物科学专业薪酬排在第5位。而中山大学生命科学学院生物科学和生物技术专业是国家级名牌专业，这说明中山大学生命科学学院的"全人培养，专业有成"的理念比较符合社会人才的需要。当然，若要进入全国第一方阵大学，跟清华大学、北京大学学生对比，差别还是比较大。为找出差距，中山大学生命科学学院拟重新设计问卷，对毕业学生进行深入调查分析，进一步加大教学改革的力度。

为了加强专业建设，掌握毕业生走向社会的基本情况，同时了解社会对人才的需

求，为进一步加强教学改革和专业设置及建设提供一定的依据，中山大学生命科学学院与学工部、校友会合作，共同对近几届毕业生做跟踪调查，调查形式以问卷和座谈会为主，辅之以非正式的交谈。

（1）用人单位问卷。中山大学生命科学学院对毕业生的职业素质、业务能力、实践动手能力、专业水平、创新能力、合作与协调能力、人际沟通能力和科研能力等进行调查。

中山大学生命科学学院共回收 20 个用人单位的问卷（因本科生的就业人数不多，有些学生就业单位相同）。用人单位对中山大学生命科学学院的毕业生比较满意，对他们的学习能力、合作能力、身体素质和职业道德等也都很满意。表 12-1 和表 12-2 是部分相关总结。

表 12-1　本科毕业生整体质量水平情况

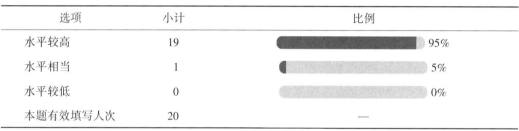

选项	小计	比例
水平较高	19	95%
水平相当	1	5%
水平较低	0	0%
本题有效填写人次	20	—

表 12-2　用人单位对本科毕业生评价情况

题目/选项	很满意	一般	不满意
专业知识	17（85%）	3（15%）	0
动手能力	16（80%）	4（20%）	0
创新能力	15（75%）	5（25%）	0
学习能力	20（100%）	0（0%）	0
沟通能力	18（90%）	2（10%）	0
适应能力	20（100%）	0（0%）	0
职业道德	19（95%）	1（5%）	0
团队协作	19（95%）	1（5%）	0
身体素质	19（95%）	1（5%）	0
心理素质	17（85%）	3（15%）	0
国际视野	16（80%）	4（20%）	0

（2）毕业生或校友问卷。中山大学生命科学学院对学生的专业水平应用能力、综合素质和教师的教书育人、专业师资队伍素质、专业设置和课程结构是否合理、教学管理方面等进行调查。

A. 问卷学生毕业年份，以 2016 级本科毕业生为例。

参与本次问卷填写的本科毕业生中，有效填写的问卷有 167 份，其中本科专业为生物技术的人最多，共计63人，占37.72%；生物科学专业的有41人，占24.55%；生态学专业的有26人，占15.57%。基地班的有29人，占17.37%；逸仙班、同时加入基地班和逸仙班的各4人。

在167份有效问卷中，128名学生选择继续深造，占76.65%；其余39名学生参加工作（图12-1）。

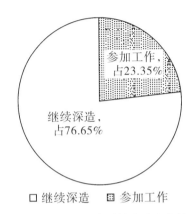

图12-1　2016级本科毕业生去向情况

B. 在参加工作的毕业生中，27名学生在北京、上海、广州或深圳工作，占69.23%；无人在港澳台地区工作；10名学生在国内除上述外的其他地区工作，占25.64%；剩余2名学生在国外工作（图12-2）。

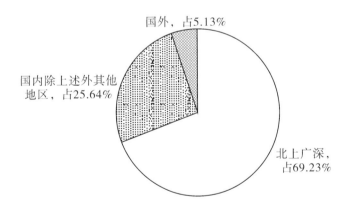

图12-2　2016级本科毕业生就业分布地区情况

C. 在参加工作的人群中，只有6名学生的任职岗位与所学专业高度相关，占15.38%；15名学生认为任职岗位与所学专业的相关度一般，占38.46%；18名学生认为自己的任职岗位与所学专业不相关，占46.15%（图12-3）。这说明本科毕业生的培养主要是综合素质的培养，以"大类培养、全人教育、专业有成"为目标的人才计划是对的，培养学生厚基础、重通识教育的策略符合社会要求。

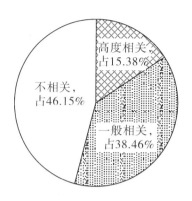

☒高度相关 ☒一般相关 □不相关

图 12-3 2016 级毕业生就业任职与专业相关情况

D. 在大学 4 年学校个人素质能力的培养方面，被调查人员对专业知识、动手能力、学习能力、沟通能力、适应能力、职业道德、团队协作、心理素质等方面的培养感到较为满意，满意度均超过 50%。满意度最低的是创新能力方面的培养，占 52%，须着重针对改进。

E. 在学院设置的本科专业理论课程中，超过 50% 的学生认为生物化学Ⅰ、生物统计学在其工作或深造过程中最为实用。认同率较高的依次还有细胞生物学、分子生物学、遗传学等。但应对这些选项中的必修课与选修课做出区分——选修课的选修对象异于必修课的，选课人数较少，可能导致一定误差。

在中山大学生命科学学院设置的本科专业实验课程中，50% 学生认为生物学野外实习在其工作或深造过程中最为实用，认同率较高的依次还有细胞生物学实验、生物化学实验Ⅰ、生物技术综合实验等，但其认同率均为 40%～50%。

在本科阶段印象最深的专业课程的问卷中，出现次数最多的是细胞生物学，生物化学次之。

F. 图 12-3 显示，从事工作跟专业相关度不高的学生占 46%。学生能成功找到心仪的工作并得到单位的认可，说明学院培养了他们的综合素质能力。

三、分析和解决问题的管理办法

1. 树立"立德树人"的理念

中山大学生命科学学院将高度重视"立德树人"的理论，紧紧围绕学校"德才兼备、领袖气质、家国情怀"人才的培养目标开展工作。根据中山大学提出的"五个融合"育人方针，中山大学所有职能部门的主体责任必须服务人才培养，所有院系的教学科研必须聚焦人才培养；紧密围绕"培养什么人、怎样培养人、为谁培养人"的根本问题，在办学实践中探索具有中大特色的人才培养理念，强调用"最优秀的人培养更优秀的人"，营造"学在中大、追求卓越"的优良校风学风。中山大学生命科学学院以专业为载体，发掘专业特点和优势，每学期开展书记、院长"思政第一课"，邀请优秀教师做"学术与人生"系列讲座，开展主题党日、团日活动，学习贯彻习近平总书记关于"人类命运共同体""生态文明""生物安全"等与生命科学学科有关的论述，实现专业教育与思想政治教育一体化建设与发展。中山大学生命科学学院将思政教育贯穿在课程教学中，加强思政引领，完善人才培养的全过程管理，80%的课程教学大纲增加了思政内容，形成教学理念，将正确的价值观、人生观传递给学生，为学校早日建设成中国特色世界一流大学，提升人才培养体系的科学性、完备性和竞争性不断努力，并努力探索新模式、采用新方法和激发新动能。中山大学生命科学学院正在建设 7 门思政课，其中的 3 门课程已成为省级思政优秀案例课，已有 2 门课程申报为国家级精品课程。中山大学生命科学学院和生态学院共建"生态文明思政教研室"，承担全校"习近平新时代中国特色社会主义思想概论"等 3 门思政课教学。

2. 建立制度化、标准化和信息化管理体系，努力践行"管理育人、服务育人、过程育人"理念

中山大学生命科学学院制定 25 个管理办法，对教学进行全方位的监控，对教学资料完善保管，不断提高服务意识，获教学成果奖；协调教学体系运作，进行动态改进；加强教学改革，获得野外实习实践国家级教学成果奖并完成 5 门省级以上一流课程建设。

3. 对学生培养质量和入学成绩对照后发现，学生的入学成绩并不一定与毕业成绩呈正比，这应从学生和学校两方面找原因

大学 4 年学习的过程与学生的兴趣、接收能力和努力程度相关。在大学方面，影响学生培养质量的主要因素为学校管理、学科和教学水平、教学质量监控。大学应在新形势下建立多元化人才培养模式，建立制度化、标准化和信息化管理体系，坚持"以本为重"的策略，解决"两张皮"的矛盾。大学不是研究院，不能重科研、轻教学，良好的教学环境是保障学生学习质量的重要元素。中山大学生命科学学院应进一步完善教学保障机制、完善教研室建设和加强督导团队监控，提升质量监控管理，对课程进行教学改革，提高师资水平，注重日常管理，合理改革本科教学培养方案目标和教学大纲，打造育人良好环境。此外，中山大学生命科学学院的学习氛围还待加强，建议组织一些学习打卡活动和安排更多的考研相关的教学活动。

4. 用科学思维谋划，重新构建人才培养侧重点

中山大学生命科学学院根据中山大学对人才培养工作的要求，统一标准与因材施教相结合，坚持四大原则——坚持目标导向，问题导向，结果导向；坚持扬优、补短、强特色；坚持长短结合、速度与稳定兼顾；建设中国特色、世界一流。对问卷信息进行跟踪和分析。重视毕业生和用人单位反映的情况，既肯定成果，也直面问题，针对问题对教学管理进行调整和加强改革措施。根据调查实证，对教学管理进行总结，肯定成绩，弥补不足。问卷调查结果显示，毕业生满意度最低的是创新能力的培养方面，占 52%，须着重针对改进。从需求角度层面，社会需要创新创业型人才。国家教学质量标准增加实践教学学分的比例，意在加强学生的动手能力和团队合作能力，做到理论联系实际，提高学生综合素质，增强创新创业能力，这样培养出来的学生才具备较强的社会责任感和敬业精神。中山大学生命科学学院依托学科优化课程体系设计，以"平台"加"模块"的方式建设课程，根据学科特色，优化各类课程比重结构（实践课程比例 30%），构建"广学精研、知行并重"的课程体系，综合"大类培养"和"专业特色脸谱化"

的优势，夯实基础、凸显专业特色。该学院致力于拓展研究性学习的时间和空间，鼓励学生提前进入导师实验室，利用粤港澳大湾区共建实践基地大平台进行交流和实习。该学院"教学—实践—科研—竞赛"四位一体、具中大特色的生物学创新人才培养探索得到中山大学的认可。该学院还建立学生参与科研训练项目制度，鼓励学生创新性、探究性学习，100%的学生参加课外科研训练。以第二课堂为牵引，该学院鼓励学生参加学科竞赛，激发学生兴趣和潜能，取得不少成绩。2020年度，该学院共有23项本科生训练项目获得立项（国家级10项，省级3项，校级10项），共获得各类竞赛奖项9项（国际级2项，国家级6项，省级1项）。此外，大部分学生能认真完成学业并进一步深造，但个别学生还是没有按时毕业。该学院加强了教风、学风建设，建立学业预警制度、班主任制度和"一对一"导师制度，对学生进行"一对一"帮扶，采用学校-学院-教务-学工共同联合机制，定期督导学生，及时反馈信息。

5. 毕业生质量跟踪的常态化、立体化

除分析学生在校成绩外，中山大学生命科学学院对入口和产出的学生质量进行对比。对照学生毕业标准，对学生的认知能力进行问卷调查，对专业认同、学习投入和自我效能进行分析。这些对学生专业成绩有一定的影响，对创新能力发展也有一定的作用。同时，该学院对调查结果进行深入思考，对照国家教学质量标准进行规范化教学并形成一种习惯。这个习惯的养成需要一定的规则或机制来制约或规范，教学成果需要一定的监督或评价方法来体现，从而进一步完善规章制度，做到以评促建，以建促改。

设计问卷表，对教学质量进行合理的评估。为加强专业建设和课程建设，有效提高教学质量，根据毕业生和用人单位反馈的情况，中山大学生命科学学院拟进一步加强系和教研室的课程管理，讨论课程设置（含本硕博一体化的课程设计）、课程思政建设、教材、一流课程、教学成果、教改项目等方面的事宜，对课程教学大纲和培养方案、教师备课、师资及课程管理等问题做进一步的调整和安排。

6. 进一步完善跨学科综合性人才培养机制，拔尖班和强基班优先做试验

须加强心理健康通识教育，加强学风建设、思政课建设，完善和加强心理状态评估和职业规划、生涯规划指导。目前，中山大学生命科学学院对学生的就业指导不足，可多设置一些实习、就业的辅助渠道。

7. 加强与毕业生和校友的联系，多渠道收集和了解各方面的信息

中山大学生命科学学院加强与社会、企业等用人单位的联系与合作，努力创造条件，通过产学研合作等活动，拓宽办学渠道，改善办学条件，提高教学质量，同时进一步扩大中山大学的社会影响，形成良性循环，使该学院有更大的发展。

四、总结

中山大学生命科学学院探索构建一套值得推广的高校本科专业学生质量跟踪体系，以及对学生全程管理的创新管理模式。学生质量跟踪体系要以学生为中心，运用系统方法，提升教学质量，加强校内外教学监管，重建教学创新机制，改革专业建设和课堂教学，采用信息化手段，推动新一轮的教学改革，为培养高质量学生不断努力。

中山大学生命科学学院拟进一步完善本科生质量监督评估的创新模式。强化质量意

识，应注重过程管理，健全动态教学质量监控评价体系，建立专业人才培养质量与课程体系监控评价标准，以系统化建设为手段，标准化建设为基础，制度化建设为保障，采用数据收集和访谈方式进行各部门联合管理，形成校内外常态沟通联系机制，构建常态化、数据化、规模化和立体化的质量监督机制，以达到对本科教学质量定性和定量分析的目的。

参考文献

［1］范国敏，魏颖，刘琛. 基于国家标准的本科教学质量监控体系研究［J］. 教育教学论坛，2020，（46）：25-27.

［2］何素敏，项辉，崔隽. 本科毕业生质量跟踪分析：以中山大学生命科学学院为例［J］. 教育教学论坛，2022，（7）：161-164.

［3］黄和飞，王斌，段利华. 高校本科教学质量内部保障体系的探索与实践［J］. 高教论坛，2019，（10）：55-58.

［4］毛小平，李智伟. 从"科学研究"走向"课堂教学"：科研与教学融合的机制探讨［J］. 当代教育理论与实践，2019，11（6）：14-18.

［5］张英，郭盛，房海蓉. 毕业要求达成度评价方法及其有效性分析［J］. 机械设计，2018，35（S2）：122-125.

［6］张星臣，戴胜华. 提高人才培养质量　推进"双一流"建设［M］. 北京：北京交通大学出版社，2018：596.

第十三篇　虚拟仿真实验在生物学本科教学中的开发与应用

在科学技术的发展史上，科学实验的出现是一个重要的分水岭。虚拟仿真实验的建设顺应了新常态下高等教育的发展趋势，是高等学校实验教学信息化的最新举措。所谓虚拟仿真实验，一般指的是利用某种技术手段，通过模仿或者模拟某种虚拟的实验场景，克服资源、时间、人力等自然条件方面的局限，将真实世界中发生的实践经验与想象空间相联结，从而丰富我们的认知经验，拓展我们对世界的认识。

虚拟仿真实验教学，正是要借助于计算机信息化的重要技术，有机地融合本科实验教学内容，虚拟实验设备和实验对象，通过教学指导、学生操作，将科学技术准确、安全、便捷、生动地呈现给学生；人机交互，让实验者可以像在真实环境中一样完成各种预定的实验项目，从而提高学生的认识能力、实践能力和创新能力。

生物学是一门实验性科学，其所有知识都来自田野实践和实验研究，现代生物学的发展更是如此。除早期动植物等博物学知识外，近现代生物学大量融合物理学、化学、计算机科学的最新理论和技术方法，"试管里面出证据"，实验研究是近现代生物学获得重大发展的主要途径。而本科生的培养教育中，实验教学也占据重要地位。实验教学质量的高低，成为衡量生物学类人才培养的重要指标。

近年来，在"互联网+"的教育背景下，大型开放式网络课程、微课迅速兴起，教育部也提出建设高校的"虚拟仿真实验教学中心"；实验教学的虚拟仿真走向前台，为提高实验教学质量注入新的内涵和活力。但在生物学类虚拟仿真教学实验的开发和利用上仍然存在一些误区，为此我们谈谈看法。

一、开发虚拟仿真实验项目的基本原则

虚拟仿真实验，强调的是能够人机互动地做实验，且能够达到将外显知识转化为内隐知识的传统教学实验的目的，最大限度地接近真实实验的教学效果。那些用于课前预习、观摩、课后复习等教学目标的一般性的动画、影视和实验课件均不符合开发和应用虚拟仿真实验项目的要求。

实验教学"能实不虚"。虚拟仿真实验必须具备信息化技术、高度仿真和满足本科教学要求三个本质特征，实现真实实验不具备或难以完成的教学功能，为涉及高危或极端环境、不可及或不可逆操作、高成本高消耗、大型或综合训练等情况提供可靠、安全和经济的实验项目。

二、建立虚拟仿真实验的教学体系

无论什么样的教学实验，都要符合教学的规律，都要契合人才培养的方案和与之对应的教学大纲，虚拟仿真实验也不例外。本科实验教学课程的设置，通常按照生物科学的发展规律分为三大部分：科学描述阶段的相关课程、科学实验阶段的相关课程和科学运用（生物工程）应用阶段的相关课程。虚拟仿真实验项目的开发也涵盖上述三大部分的教学内容，建立起虚拟仿真实验的实验教学辅助体系，并与真实的实验教学有机融合。虚拟仿真实验项目将深度开发开放型实验、提高型实验和设计型实验内容，重点放在生物工程类实验教学上，提升真实实验教学的内涵，进一步改善实验教学的条件，从而获得实验教学改革提高的"1+1>2"的成效。

在虚拟仿真实验中，学生可以进行直接的学习，但教师要发挥重要作用，要引导学生提高对虚拟实验的概念、原则和技术的认识，从而使学生对自己所处的实验环境有全面的了解。

虚拟仿真实验可以是真实实验教学的组成部分，也可以是实验教学的延伸与补充。其虚拟性特点使实验教学的组织与实施更加复杂，既要考虑虚拟仿真实验中存在的问题，又要结合实际情况应用虚拟实验系统。在选择实验教学方法时，要考虑学习目标、实验内容、学生特点、实验环境等因素。采用合理的实验教学组织形式，有利于实验教学活动多样化，满足不同学生的不同学习要求，从而实现实验教学的个性化。

三、虚拟仿真实验的内容与形式

拟开发的虚拟仿真实验项目，在内容和形式上，除满足专业性、科学性和规范性的一般要求外，要求涵盖实验的全过程，包括实验的设计与准备、实验操作、获取实验结果后的数据分析和提交实验论文或报告的各环节。虚拟实验仿真程度要高，要跟随和响应操作者的逻辑思维与感受，具有很强的互动性。要有仪器设备的使用和参数设置，要有试错的环节和可能出现的错误的实验结果。

（1）华南地区鸟类野外实习（包括华南地区常见留鸟与候鸟）。

单次观察：画面应首先由远及近地出现森林（林间带、林缘区域）、原野、湿地、海岸、校园或公园等鸟类的仿真生活栖息地→在对应的环境背景声中，传来某种鸟鸣声（随机出现）→根据经验猜测为某种鸟（记录下来，供评分）→选择和取用单筒或双筒望远镜观察（模拟搜寻时的镜中画面）→对准目标调节望远镜焦距（出现镜中目标由模糊变清晰的过程）→看清目标鸟后，应持续一小段时间，镜中目标鸟的画面应有多角度的改变（可考虑加入拍照的环节）→模拟目标鸟飞走消失→记录和描述观察到的鸟的主要形态特征（羽毛颜色、大小等）→再次判断目标鸟的名称和分类→查阅手册或图鉴→最终鉴定→综合评分（评分项目包括是否正确选择望远镜、是否正确调焦、根据鸣声判断种类的对错等）。

观鸟比赛：通过互联网多人参与，统计 1 h 内正确鉴别出的鸟的种类和数量。

（2）Western blot 实验。

试剂与材料的选择→目的蛋白的制备（提取蛋白，测定浓度）→电泳［SDS 聚丙烯硫胺凝胶配制，样品处理，上样与电泳（电泳仪、电泳槽的选择和参数设置）］→转膜（转移夹层的制作，电转参数设置）→封闭（脱色摇床的选择、参数设置）→一抗孵育（抗体选择、稀释、回收）→二抗孵育（抗体选择、稀释、回收）→蛋白检测（化学发光仪参数设置、检测；或者显影、定影，直接观察、照相）。

本虚拟仿真实验中的关键是要表现出容易产生错误的实验操作环节，预留"伏笔"或"陷阱"，得出符合逻辑的错误的实验结果。常见的试错结果有未出现目的条带、条带过浅、多个条带、背景过深、条带弥散、背景出现不均匀斑点，以及出现"微笑"条带等。

四、虚拟仿真实验项目的建设途径

虚拟实验的制作有极强的专业性，仅依靠生物专业的教师来完成整个制作流程，几乎是不可能的。目前市面上也没有可以直接利用的资源。选择技术实力雄厚的 IT 企业进行校企合作，发挥各自的优势，是较为可靠的建设途径。具体操作可由相关学科审定实验内容后，按实验项目的内容，由实验课程的教学负责人负责提供文字、图像、课件、音视频和各种必备资料，初步编撰出制作脚本，并提出具体要求和希望达到的效果；企业方按需在约定的时间内负责完成项目制作、安装、调试，以及在网络平台上的运行和升级维护。项目的硬件、软件条件和整体建设完成后，实现其教学目标。

五、结语

虚拟仿真实验应用于生物学本科实验教学，为学生提供一种可以直观、交互、自主的探索学习的方法，将大大改善教学环境，提高教学效率，节约教学成本。此外，虚拟仿真实验教学是对传统实验教学的有益补充和完善，将二者优势结合，能更好地为教学服务。

参考文献

［1］郭绍青，杨滨. 高校微课"趋同进化"教学设计促进翻转课堂教学策略研究［J］. 中国电化教育，2014，（4）：98-103.

［2］王卫国. 虚拟仿真实验教学中心建设思考与建议［J］. 实验室研究与探索，2013，32（12）：5-8.

［3］王晓迪. 虚拟仿真实验教学中心建设中八项关系的理解与探讨［J］. 实验技术与管理，2014，31（8）：9-11.

［4］韩琴，冷言冰，贾皓，等. 3R 原则与虚拟实验室在预防医学实验教学中的应用［J］. 实验技术与管理，2013，30（8）：152-154.

［5］江海平，冯鸿. 虚拟现实技术的发展对生物实验和教学的重大影响［J］. 遗传，2007，29（12）：1529-1532.

［6］李平，毛昌杰，徐进. 开展国家级虚拟仿真实验教学中心建设　提高高校实验教学信息化水平［J］. 实验室研究与探索，2013，32（11）：5-8.

［7］李斐，黄明东. "慕课"带给高校的机遇与挑战［J］. 中国高等教育，2014，（7）：22-26.

［8］孙青，艾明晶，曹庆华. MOOC 环境下开放共享的实验教学研究［J］. 实验技术与管理，2014，31（8）：192-195，214.

［9］田婧，罗通，罗华锋，等. 新建本科院校虚拟仿真实验室的建设及教学［J］. 实验科学与技术，2015，13（6）：219-222，228.

［10］向远明，范焙，王伏玲. 虚拟仿真实验室在心理学实验教学中的作用［J］. 实验技术与管理，2015，32（12）：120-122.

［11］杨宏伟. 虚拟仿真技术在物理实验中的应用［J］. 实验室研究与探索，2005，24（9）：38-39.

［12］张晓军，杨春文，宗宪春，等. 高师生物学实验教学体系与内容改革的研究［J］. 高校实验室工作研究，2010，（2）：1-2，39.

［13］张岩. "互联网+教育" 理念及模式探析［J］. 中国高教研究，2016，（2）：70-73.

［14］张碧鱼，何素敏，陈笑霞，等. 虚拟仿真实验在生物学本科教学中的开发应用［J］. 实验室科学，2017，20（1）：128-130.

［15］邹家柱，程品晶. 高校虚拟仿真实验室建设总结［J］. 中国电力教育，2014，（18）：80-81.

第十四篇　加强精细化教学管理，提高本科教学水平

21 世纪的教育工作面临着前所未有的发展机遇，社会上各类综合素质人才激增的形势，对高等学校培养的人才质量提出了更高的要求。高校之间的人才竞争、教育质量的竞争和综合条件的竞争不断加剧，使高等院校的教学管理显得更加重要。教学管理是提高教学质量和办学效益的基本保证。

中山大学生命科学学院是由生物系经过几十年的工作积累发展起来的学院，目前在学科建设、科学研究、人才培养、实验室规模、实验仪器设备等方面均处于国内同类学院前列，已成为一个学科门类齐全、基础条件优越、教学科研力量雄厚，在国内外有广泛影响的学院。2004 年，该学院的教学职能单位有生物科学与技术系和生物化学系。中山大学生命科学学院系下设 3 个专业：生物科学专业、生物技术专业、生物技术与应用专业。1991 年以来，中山大学生命科学学院先后与 2 个办学单位联合培养七年制学生（为中山医学院、广州中医药大学七年制临床医学专业），目前有 13 个班，共有学生909 人。近年来，中山大学生命科学学院和全国高校一样实行多渠道扩大招生和尝试了各种培养模式，教学管理工作正面临极大的挑战。如何将教学管理工作做得更好，有待进一步研究、总结和探讨。

一、加强教学管理的几点做法和体会

1. 加强制度建设，规范教学管理

规章制度是教学管理的根本保证。为了维护正常的教学秩序，提高教学质量，确保培养规格，必须加强教学工作的规范管理。主管教学的领导对此项工作的指导思想比较明确，到任后加强了各种教学制度建设，进行多项教学管理的改革尝试。首先，根据《中华人民共和国教育法》（全国人民代表大会，1995 年）、《中华人民共和国教师法》（全国人民代表大会，1993 年）和《中华人民共和国高等教育法》（全国人民代表大会，1995 年）的要求，结合中山大学生命科学学院的教学情况，制定《中山大学生命科学学院本科教学条例草案》，对教学管理机构的职能，教师师德的基本要求，教师的职责、权利和义务，教学纪律及课堂、实验、实习等教学工作做了有关的规定，使教师进一步明确承担各项教学任务的职责，使教学工作有章可循。例如，教师需要调课、停课，须事先到中山大学生命科学学院填写调停课审批表，经该学院教学领导批准后由教务员通知学生；需要修正教学计划时，须提前 1 个学期提交书面报告，经所在系签署意见后，报该学院审批，并报教务部备案；需要请人代课时，须事先提交书面报告，该学院批准后由学院按聘任规定进行聘任等，杜绝教学过程的随意现象。

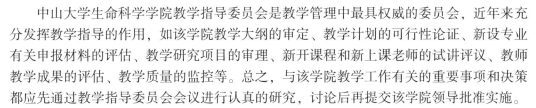

中山大学生命科学学院教学指导委员会是教学管理中最具权威的委员会，近年来充分发挥教学指导的作用，如该学院教学大纲的审定、教学计划的可行性论证、新设专业有关申报材料的评估、教学研究项目的审理、新开课程和新上课老师的试讲评议、教师教学成果的评估、教学质量的监控等。总之，与该学院教学工作有关的重要事项和决策都应先通过教学指导委员会会议进行认真的研究，讨论后再提交该学院领导批准实施。

2. 不断完善教学监控管理体系

近年来，为了更好掌握教师课堂教学的质量，中山大学生命科学学院建立相关教学质量反馈信息网，采取多种形式进行教学质量监控。①领导听课制度方面，要求学院、系领导每学期听课不少于10学时，并做记录交学院存档以作为考核的依据。②同行听课制度，聘请了离退休教师刘振声等8位具有多年教学工作经验的教师为本科教学的巡视员，进行不定时听课。③建立教学日志方面，对一些重点课程由学习委员和课代表负责对该门课程进行随堂记录，内容包括教师授课情况、课堂秩序、基本评价和要求建议等。④开展问卷评估方面，在课程的后半段，由全体学生按教务部制定的问卷表进行课程评价。⑤教学工作反馈方面，2002学年度对授课的所有教师进行学生问卷调查评估，测评分优、良、可、差共4个等级，并以90分、75分、60分、30分分别对优、良、可、差这4个等级进行量化；在上述基础上进行综合考核评估，再由教学指导委员会综合评估后报学院进行奖励。此外，为方便教师进行学期教学总结，中山大学生命科学学院印制了教学总结表和教师试讲评分表等，通过以上的做法使教学工作逐步走向规范化、制度化、科学化。

3. 设立教学研究基金，促进教学改革深入开展

为了进一步推动学院教学改革的深入发展，促进教学研究多出优秀成果，确保教学质量不断提高，2002年始，中山大学生命科学学院设立本科教学研究基金，资助范围包括本科生创新性研究、本科教学研究、开放实验、教材出版、网络课程制作研究、重点课程建设等六方面的研究。基金项目启动后，得到全学院教师的积极响应和支持。该学院先后收到各类研究申请100多项，经该学院教学基金评审专家研究讨论，最后以无记名投票方式确定，并报该学院党政联席会议批准立项。为确保项目按时按质完成和项目经费合理使用，该学院对此实行目标管理——凡获得基金资助的项目，其项目负责人必须与该学院签项目协议书。由于项目的管理科学化，目前立项的80多个项目运行良好，大大促进本科教学的研究和发展。

4. 加强计算机在教务管理中的应用

随着计算机的广泛应用，教学管理已逐步实现计算机管理。目前，中山大学生命科学学院正使用着由教务部统一安装的教务管理系统。本系统的主要特点是为学生的学籍和成绩的管理提供方便、快捷的查询服务。一旦录入，学生即可上网查询成绩、学分和课程性质等，改变以往学生成绩不及格时需要逐个联系通知学生的情况。同时，中山大学生命科学学院完善学籍管理。特别是实行学分制后，学籍管理发生变化，由补考变成重修、重考，成绩按绩点计算，重修安排也有操作性强的实施细则。另外，随着高校改革的深入，学生进行转系、转学、副修、双专业（学位）、留学、交换、插班、休学、退学、复学等一系列情况越来越多。使用教务管理系统可方便地解决上述问题。首先，

初步建立学生网站和学院网站，利用这些网站辅助处理教学事务。例如，利用学生网站发布日常公告；将选课简介公布在网站以供学生选课；每学期把带有不同专业、班级、课程、课室和老师的课程表和考试安排、学生名单、教学计划等各类重要文件放在该学院网站上，方便师生查询、下载和反馈。此外，设置了一批日常实用的教务表格，进一步提高了工作效率，如学生考勤表、平时记分表、成绩表、听课表、教师调课表、教学方案表、期末总结表、学生课程调查表、教材订购表、教研课题申报表、选修课开课一览表、副修、双专业申请表、毕业论文成绩表，等等。这些网上表格简明扼要地表述了内容，简化了程序，减少了不必要的中间环节和解释，大大提高教务管理的质量。师生可下载表格并直接用 e-mail 发回。该学院相关工作人员可在电脑中保存、归类、统计，使教务管理人员能迅速地、准确地掌握情况，并及时向相关部门提供各种统计数据，保证教学管理决策的科学性。

二、对加强教学管理的几点建议

1. 加强教学管理的投入，完善教学管理信息化和网络化建设

教务部要建立一个符合校情的完善的教学管理信息系统，通过计算机网络完成从招生、学籍管理、课程的设置、教学计划的管理、排课、学习成绩管理到毕业审查等管理工作，把本科教学管理工作逐步做到自动化、网络化，这样可使学校管理实现宏观调控和微观处理，使统计、评估和决策建立在更科学的基础上，有利于学生根据自己的情况和不同的教学环境选择课程、网上答疑、成绩查询等，从而充分发挥学分制的优点。另外，信息网络的使用可使教学管理信息资源达到共享，提高管理的效益和质量。

2. 进一步完善现有的教学管理体制，规范教学管理

教学管理的规范化必须通过动员各方面的力量，制定出切实可行、行之有效的规章制度，并严格按章办事，以"法"治校、以"法"治学。在教学方面，建立科学的教学质量考核等各类教学评价制度，公正的教学成果等各类优秀评定与奖励办法。在学习方面，建立一套严而不死的学籍管理制度，科学合理的综合测评办法，灵活而富有激励性的学习奖励措施等。在考试方面，要维护考试的公信度，逐步建立试题库，提高考试的科学性、可靠性和有效性。只要这样，才能改革不利于教学工作发展的传统管理方式，积极推进教学管理的民主化与规范化建设，逐步理顺校、院（系）管理关系，扩大院（系）教学管理自主权。

3. 健全教学质量监控和保证体系

建立学校内部教学质量保证和监控体系，是促使教学管理走向成熟和规范的具体体现。为此，建议逐步建立科学完善的教学质量评价机制和教学信息反馈机制，加强对教学的各个环节（包括课堂教学、实验教学、实践教学、作业批改、课外指导等）的全面监控和评估，并从教学条件、政策导向、激励制约各方面予以保障。与此同时，逐步建立教师、学生、专家、用人单位共同参与的教学质量评估与认证机制，使之成为教务人员把握改革方向、调整改革范围和改革内容、检验改革成效的重要手段，以评促改，以评促建，促进教师提高教学水平。通过教学评估，进一步推进教学改革，加强课程建设，完善教学环节，提高教学质量。

4. 加强教学管理队伍素质建设

教学管理人员作为参与学校教学管理政策的制定者和执行者，必须具有良好的思想政治素质和较高的业务素质，才能对提高教学质量起到促进作用。为此，建议学校定期组织教学管理人员进行业务学习和举行一些有关教学管理改革与创新研讨的活动，不断提高教学管理人员的业务素质和管理水平。学校要为教学管理人员提供进修和攻读高一层次学历的机会，提高他们的理论水平和业务能力，使他们能及时关注和把握人才培养的新情况、新问题，不失时机地开展教学管理改革。

5. 建立教学管理激励制度

根据外校教学管理的经验，学校主管教学的领导及与教学有关的负责人实行责任人负责制，本科主干课程责任教师制，国家级、省级和校级的优秀课程责任教师制等一系列管理责任制，明确其责、权、利，在工作任务与分配政策上予以落实。要实施教学优秀成果奖、教师教学工作优秀奖、教师教学竞争奖、教学管理工作优秀奖等一系列教学奖励制度，调动教师和教学管理人员从事教学改革与研究的积极性。在教学管理队伍中建立竞争机制，通过竞争，激发教学管理工作的活力，使整个教学管理队伍显得生机勃勃。同时还要建立健全教学管理岗位责任制，进行严格的定编、定岗、定职责，将职责落实到每一个教学管理人员。通过每一位人员尽职尽责的工作，来保证整个教学管理的质量。要健全竞争上岗机制，为教学管理人员创造公平、公正、公开的竞争舞台和发展机会，通过竞争体现优胜劣汰，提高整体素质。要采取有力措施切实解决教学管理人员的工作条件、工作环境、职称和待遇问题，使他们安心做好教学管理工作。

参考文献

[1] 何新凤，何素敏，林雁萍. 本科教学改革与实践：生命科学学院教学改革论文集［M］. 广州：中山大学出版社，2004.

[2] 金顶兵，李克安，卢晓东. 加强队伍建设　提高管理水平　努力培养高素质创新人才［J］. 高等理科教育，2000，（2）28-33.

[3] 周宇，袁淑惠. 加强教学管理与监控　努力提高教学质量［J］. 高等理科教育，2003，（3）：110-113.

[4] 张利庆，李文斐. 浅谈提高本科教学质量［J］. 高教探索，2003，（1）：25-27.

第十五篇 基于"三段三治三化"式本科毕业论文管理模式的实践与探索

一、毕业论文管理难的原因和现状

部分学生因忙于实习、出国考试或研究生入学考试等，不积极进入实验室做毕业设计，导致无法按时提交毕业论文、毕业论文质量差等。这些问题也直接导致毕业论文难于管理（附录五至附录九）。例如，中山大学生命科学学院 2018 年毕业生的论文成绩等级比例显示，大部分学生的成绩可以达到优良，但是也有少数学生只能勉强通过考核。笔者还分析了学生的论文成绩和导师职称、指导学生数量之间的关系，希望可以从中找出问题并解决。

1. 2014 级学生毕业论文成绩总结

2014 级学生共 236 人提交毕业论文，其中 73 人（31%）的毕业论文获评"优秀"，143 人（61%）获评"良好"，17 人（7%）获评"中等"，3 人（1%）获评"及格"。及格率为 100%，优秀率为 31%。90%以上学生的毕业论文成绩可以达到优良等级，而只有 1%左右的学生勉强及格。这些学生可能是没有对毕业做明确的规划，没有意识到毕业论文的重要性；或是不打算继续在此专业进行深造，忙于实习、出国等其他事宜，而消极对待毕业论文设计。

2. 学生毕业论文成绩与导师职称的关系

据统计，毕业论文指导教师职称为教授的学生共 150 人（63.56%），为副教授的有 72 人（30.51%），为副研究员的有 8 人，为高级实验师的有 3 人，为讲师的有 3 人；指导教师为教授的学生数量是指导教师为副教授的学生数量的 2 倍。指导教师为教授的学生中，毕业论文成绩优秀率为 34%；指导教师为副教授的学生中，毕业论文成绩优秀率为 26.4%（表 15-1）。教授指导的学生论文成绩优秀率更高，良好以上的比例更大，平均成绩更好。

表 15-1 2014 级学生毕业论文成绩与导师职称的关系

等级	教授人数	副教授人数	副研究员人数	高级实验师人数	讲师人数
优秀	51	19	2	0	1
良好	87	45	6	3	2
中等	10	7	0	0	0
及格	2	1	0	0	0

3. 学生毕业论文成绩与导师指导学生数量的关系

中山大学生命科学学院共有 104 位教师对 2014 级 236 名学生的毕业论文进行指导，其中，49 位教师各带 1 名学生，17 位教师各带 2 名学生，14 位教师各带 3 名学生，11 位教师各带 4 名学生，11 位教师各带 5 名学生，2 位教师各带 6 名学生（表 15-2）。从统计数据可以看出，教师指导学生数为 2 名或 6 名的学生成绩相对较好，但是各组之间的差异没有统计学意义，不能认为教师指导学生数和学生成绩之间具有显著的相关性。

表 15-2　教师指导学生数量与学生成绩的关系

教师指导学生数	及格人数	中等人数	良好人数	优秀人数	合计人数	教师数量
1	0	3	30	16	49	49
2	0	3	15	16	34	17
3	0	5	30	7	42	14
4	2	1	28	13	44	11
5	1	5	33	16	55	11
6	0	0	7	5	12	2
全年级	3	17	143	73	236	104

二、毕业论文管理的制约因素

毕业论文的质量与学生、教师层面的因素相关，论文的计划、组织过程管理也很重要。如何引起学生的重视和制造良好环境，是管理的一门艺术。在教师和学院的引导、要求下，采取适当的方法引起学生对毕业论文的重视，提高学生对毕业论文设计和实验的积极性，可以有效提高论文质量，从而提升毕业论文管理效率。

此外，信息化技术的引入使毕业论文的提交、审核等步骤变得更为方便，也可以有效地提高毕业论文管理效率。

三、解决问题的方法

1. 毕业论文管理问题的解决方法

（1）采用"三治"模式，即"治松、治水、治乱"。由于实习安排、研究生复试等时间冲突，甚至是学生自身的消极对待的态度，学生自身精力投入不足，毕业论文的时间安排前松后紧，论文质量难以保证，任务也无法及时完成。为此，由中山大学生命科学学院统一制定毕业论文管理相关事宜，联合各系主任，对每个专业的学生进行宣传，说明毕业论文的重要性和注意事项。增加"文献查阅与论文写作"专业课，让学生更深刻地了解如何写好论文。请教师和前届优秀毕业论文获得者开设"如何做一份漂亮的毕业论文"的讲座，让学生从中汲取经验。更重要的是，中山大学生命科学学院教务部定期通知学生和教师时间节点（开题报告、中期考核、论文答辩），督促学生按要求完成任务；积极回答学生的各种问题，解答学生对于毕业论文存在的各种疑惑。

为保证质量，中山大学生命科学学院提前一学期通知学生进行毕业论文选题设计，并发放实验记录本，要求学生按规定做好记录；提醒毕业生注意按时进入导师实验室，及时跟导师沟通。实验记录本须记录进入实验室时间、出勤情况、实验内容和结果。学生按实验记录基本规范来写，每周请教师在实验记录本上签字。学生应每2周上传1次实验数据到毕业论文管理系统中，以保证数据留存和按节点时间完成任务。

（2）合理配置资源，安排导师和选题。指导教师本身的科研任务繁重，指导的学生数量较多，教师的精力分散，部分教师对本科学生的论文指导疏于管理。因此，中山大学生命科学学院制定导师制，与毕业论文挂钩，规定每位教师最多带5名学生，保证了学生有教师和课题可选，在一定程度上也提高了毕业论文的平均质量。2014级毕业论文成绩统计结果显示，教授指导学生的平均成绩较其他教师的好，可见教授对学生的毕业设计更重视，对学生的督促更积极。为了确保校外做毕业论文的学生的论文质量（每年10余名学生），中山大学生命科学学院也设计了本科生外出做毕业设计的申请表、安全承诺书和接收函模板等，保证了学生外出做毕业设计的流程规范化、标准化，有效加强了对这些学生毕业设计、论文的管理。

（3）使用网络管理系统，强化课题的创新特色，尽量避免课题重复现象。教师出题方面，要求尽量减少多位教师出题相似甚至雷同的现象，或者出现前后几年论文题目重复的现象。使用网络管理系统可以有效避免这些问题，提高了学生们毕业课题的创新性、多样性。

（4）提升教学管理模式，构建毕业论文管理平台。采用"三段三化"管理模式，从"三段"即"选题开题—中期考核—论文答辩"进行一系列的质量监控，完善毕业论文管理规章制度；利用网络平台，实行"三化"即"节点化、网络化、高效化"管理，优化毕业论文各环节的管理工作，利用系统进行论文过程周期控制，进一步帮助学生提高毕业论文质量。

2. 解决教学问题的方法

中山大学生命科学学院重视本科毕业论文管理，强调尽早计划及过程组织管理的重要性，采用信息化管理，目的是培养高素质学生运用知识的能力，综合考查学生使用知识和方法解决问题的能力。

（1）加强组织管理。中山大学生命科学学院成立本科毕业论文指导小组，对本科毕业论文的进度进行实时监控与监督，结合网络平台，加强对毕业论文各环节的管理工作，强化过程监控，发现问题及时解决，按新规定调整毕业论文管理办法，同时对导师进行考核，对个别特殊学生加以引导。该学院督促师生之间的交流，监督学生的论文完成情况，进一步帮助学生提高毕业论文质量。该学院还对学生进行中期考核，对全员进行毕业论文答辩，将中期考核成绩纳入毕业论文成绩评定；为每个毕业班学生配套1本本科毕业论文实验记录本，要求将实验过程如实记录。毕业论文成绩的评定原则：毕业答辩（现场）成绩占30%，指导教师评价成绩占10%，毕业论文成绩占30%，实验记录成绩占20%，中期检查成绩占10%。中期考核不及格者不可评优，对中期考核不及格的学生进行警告，同时告知导师以引起注意。对考核优秀的学生和导师给予鼓励。

（2）及时安排，保证质量。多年来，导师制与毕业论文挂钩，尽早引起学生对毕业设计的重视，让学生参考想要进行的毕业设计选择合适的导师。中山大学生命科学学院毕业论文的撰写从选题、选导师开始，需要约 1 年半。在 2016 级的培养方案中将毕业论文的 6 个学分融入 3 个学期，每个学期 2 学分，要求学生从第 6 学期开始进行毕业论文的开题，第 7 学期进行中期考核，第 8 学期则完成毕业论文，第 6 至第 8 学期分别算 2 学分。

（3）进一步规范了要求，实行检查制度化，达到"三治"的效果。《附录六 中山大学生命科学学院本科毕业论文管理办法》加强了对毕业论文工作程序和考核标准的管理和规范，对毕业论文的基本标准、评阅与提交、答辩的组织提出明确要求，提供了中期检查报告的范本及严格详细的格式要求。

（4）使用实验记录本和按时上传实验数据。中山大学生命科学学院对学生的毕业论文实验原始记录进行规范管理，要求学生及时上传实验数据并保证原始记录的客观、准确，对整个实验的原理和操作进行梳理或回忆，加深对实验的理解与反思，并减少后期实验中的错误，提高论文质量。

（5）构建三方交互平台。为提高效率，中山大学生命科学学院以毕业论文管理系统为推手，开展信息化辅助管理，实行"三化"管理，构建指导教师、学生和教学管理人员三方互交的平台，强化过程管理，做到按时完成任务，具有较强的实用性。

3. 创新点

中山大学生命科学学院构建基于"三段三治三化"综合管理模式，完成当前毕业论文面临一系列问题的改革，完善了管理体系。实行毕业论文检查制度化，在大四上学期末进行中期考核答辩，临近毕业时进行期末毕业答辩，保障了毕业设计的顺利开展和较好的完成率，且质量均有明显提高。

（1）采用"三段三治三化"综合管理模式，解决毕业论文管理的问题。

（2）激发本科生对实验和论文写作的主观能动性。

（3）进一步完善了管理制度，利用数字化网络系统平台，实现毕业论文现代化管理。

4. 改革的推广应用效果

（1）强化过程管理，有据可查。实验记录本和上传实验数据的要求起到督促学生规范记录实验过程的作用，推动学生对整个实验的原理和操作进行梳理或回忆，可及时发现、分析并解决存在的问题，减少后期实验中的错误。

（2）实现毕业论文检查制度化。开题报告和中期检查可以帮助学生及时发现问题，尤其是对于课题进展滞后的学生，可以帮助并督促他们及时完成毕业论文；为学生进行论文答辩预演提供平台；同时推动学生整理之前的实验结果并理清思路，对后期实验具有一定的促进作用。"三段"管理杜绝了之前的"松、水、乱"乱象，教师反映近年来学生的论文质量明显提高。

（3）完善和优化了毕业论文管理和制度建设。全院动员，做到尽早计划和组织，制定管理办法，强化监控管理。学生在导师的指导下，积极、主动、认真、独立地开展课题研究，培养良好的学习方法和科学思维。从选题、开题到过程管理和答辩，中山大学生命科学学院都做了严格要求。①选题方面，学生主要结合导师的应用开发课题，有一定的理论或实践意义。该学院充分利用学科优势，动员正、副教授为学生提供各自的研究课题，实行双向选择，使学生进入相应的科研实验室进行科研训练。2017年全院正、副教授为大四学生提供300多项研究项目，基本能满足200多位学生进入科研实验室进行科研训练的需要。②加强过程管理，对全部学生进行中期考核。该学院要求学生在研究过程中有记录；研究内容全面；应用的理论知识体系完善；研究方法选择得当；研究资料可靠、系统，能完整地引证相关文献资料；实验方案设计与实施科学规范严谨。③规范毕业论文格式和模板。为展示写作水平和科研能力，该学院要求研究报告撰写规范，结论可信，符合论文的基本要求；要求创新点明确，能较好地体现知识拓展、技术创新或研究方法创新；具有推广应用价值。④对于答辩现场的表现，该学院要求学生在陈述环节中述说清晰，重点突出，有条不紊；在答辩环节中对答流利；PPT美观；等等。

（4）信息化管理。可利用网络平台设置阶段性任务的截止时间，学生、指导教师可根据进度安排要求，在指定时间内完成各阶段的任务，从而实现对全程进度的控制。利用网络平台，实现毕业论文操作管理流程的节点化、网络化和高效化，对毕业设计过程管理进一步完善和规范，提高毕业论文管理工作效率。

参考文献

[1] 曹士云. 高校本科毕业论文指导与管理若干误区的审视与反思 [J]. 黑龙江高教研究, 2005, (11): 85-87.

[2] 何素敏, 项辉. 基于"三段三治三化"式本科毕业论文管理模式的实践与探索 [J]. 教育现代化, 2020, 7 (3): 102-104.

[3] 王俊一. 本科毕业设计管理与全过程质量监控 [J]. 黑龙江高教研究, 2006, (4): 84-85.

[4] 王小雪. 本科生毕业论文管理质量与绩效评价 [J]. 教育探索, 2004, (8): 63-64.

[5] 王景明. 本科生毕业论文（设计）规范化管理探析 [J]. 高校教育管理, 2007, 1 (2): 85-87.

[6] 罗志勇, 张胜涛, 陈昌国, 等. 本科毕业论文管理工作的改革与实践 [J]. 化工高等教育, 2007, (5): 98-101.

[7] 李梦娥. 基于人性化与制度化的本科毕业设计管理模式研究 [J]. 中国电力教育, 2014, (2): 198-200.

[8] 毛洪贲, 殷顺德, 郭娟, 等. 基于 .NET 的本科毕业设计（论文）智能管理系统的研究与设计 [J]. 现代教育技术, 2010, 20 (10): 128-131.

[9] 薛娟. 加强本科毕业论文管理与质量监控的思考与实践 [J]. 科协论坛（下半月）, 2008, (4): 152-153.

[10] 余魅. 加强毕业设计过程管理提高本科人才培养质量 [J]. 电子科技大学学报（社科版）, 2005, (1): 110-112.

[11] 张春, 伊长文. 本科毕业（设计）论文中的问题及管理 [J]. 理工高教研究, 2005, (1): 104-105.

第十六篇　教学与科研相结合，培养创新人才

——中山大学生命科学学院积极开展本科教学新模式的探索

根据教育部、财政部 2007 年发布的《教育部财政部关于实施"高等学校本科教学质量与教学改革工程"的意见》，教育部将在全国高校建设 500 个人才培养模式创新实验区，投入大量教学经费，作为实践教学与人才培养模式的改革与创新，目的是初步实现专业设置和社会需求的互动；通过开展自主学习、研究性学习和对实践教学的改革，提高学生的学习和研究兴趣，培养学生的动手能力和创新精神。2006 年，为了进一步推动高等教育教学改革，中山大学作为"国家大学生创新训练计划"试点高校，大力开展以学生为主的创新性实验，使学生在本科阶段得到科学研究的训练，提高大学生的创新能力和实践能力，培养一批拔尖创新人才。根据"高等学校本科教学质量与教学改革工程"的总体安排和中山大学的有关要求，中山大学生命科学学院已组织学生申报"国家大学生创新训练计划"并获批多个项目，通过几年来的实践，在教学改革方面已取得不少成绩。为了进一步提升教学质量，加快创新人才的培育力度，推动教学质量工程的建设，加强团队合作精神，更好地培养学生就业前的实践经验，提升竞争力，中山大学生命科学学院在培养学生专业技能的同时，还利用"生物学国家实验示范教学中心"作为训练平台对学生全天开放，开设各种实践培训课程。

当然，任何改革都会听到不同的声音，有的人也许会这样认为：学生在本科阶段的重点是学习理论知识（打基础），不需要参与科研。但事实上，本科教学也需要科研，教学与科研之间并不矛盾——教学可以促进科研，反之，科研可提升教学，两者之间有着必然的联系。因此，教学与科研相结合，这种本科教学模式有利于学校的人才培养，促进教学工作的发展。那么如何实现两者之间的融合？只有将教学的过程视为科研的过程，将科研的过程视为教学的准备，才能在时间与精力允许的情况下真正实现两者之间的平衡。

多年来，中山大学生命科学学院依托国家生物学基础科学研究和教学人才培养基地、国家生命科学与技术培养基地，着力创建教学与科研相结合的"开放式、研究性"本科教学模式，以精品创特色，取得良好成效。

首先，中山大学生命科学学院将科研纳入课程体系，提高人才培养的层次。为推进本科教育大类培养模式改革，促进创新人才培养，中山大学制定《2011 级本科专业培养方案》以进行改革。原则之一是以培养具有国际视野，满足国家与社会需求的高素

质、复合型拔尖创新人才为导向。该方案规定，新的教学计划必须加强实验和实践教学课程体系内涵，拓展理工科专业的综合性、设计性和探索性的实验，加大实习与毕业论文（设计）环节对学生综合能力的培养。根据中山大学的要求，中山大学生命科学学院在制订 2011 级大类培养方案之时，号召全院教师，特别是最新引进人才，鼓励他们申请新课程（包括暑假学期课程），积极为本科生开设前沿学科和交叉学科课程（理论课和实验课）。一方面，在 68 个学分的专业基础必修课中，科研技能训练课程的总学时占 50%，高年级实验课教学大纲中就包含 15% 具有前瞻性、创新性的较灵活的内容。实验教学的比重和设计充分体现强化科研思维和实践技能训练的基本思想。在本科三年级和四年级开设了 4 个大实验：生物技术综合实验、现代生物科学与技术综合实验、微生物学综合实验和生态学大实验。这 4 个大实验是对学生前 2 年基础课实验的补充，体现学科最前沿的实验技能。另一方面，中山大学生命科学学院制订相应的创新教育计划、学生科研训练计划，以及制定项目申请表、项目立项协议书和管理规定，分年级、分阶段逐步推进创新能力培养。对于一年级和二年级的学生，主要是以基本技能训练为主，规范学生的实验操作，让学生掌握实验操作方法和培养兴趣，引导学生进行综合实验设计。中山大学生命科学学院设立主要针对二年级学生的科研基金项目，供他们自由申请。对三年级学生的培养，以综合性实验为主，引导学生进行自主设计实验，并设立创新实验基金项目，供他们自由申请。对处于准研究生阶段的四年级学生，主要结合导师的应用开发课题，进行自主创新项目的设计。为加强学生的科研训练，中山大学生命科学学院充分利用学科优势，动员正、副教授为三年级基地学生提供各自的研究课题，由学生选择并进入相应的科研实验室进行科研训练。每年全院正、副教授为本科三年级学生提供 30 多项研究项目，基本能满足 60 位学生提前进入科研实验室进行科研训练的需要。在国家自然科学基金的人才培养基金和 2 个国家特色专业建设点基金的学生科研项目支持下，自 2003 年，中山大学生命科学学院设立本科生研究基金项目 150 项，总资助金额达 188 万元，为学生创新能力的培养提供有力的经费支持。

其次，利用生物学人才培养基地的科研力量和国家及省部级重点实验室、国家级实验教学示范中心等已有的科研教学平台，中山大学生命科学学院创建"开放式、研究性"的实验教学模式，给本科生提供提早进行科研训练的机会。该模式通过对实验课程内容、实验教学方法、实验课堂活动及实验管理等进行研究性的科学设计，将教师的研究性实验教学与学生的研究性实验学习有机结合起来，培养学生的探究兴趣。教师在教学过程中强调理论知识与实际应用相结合，鼓励学生选择与课程内容相关的课题进行研究，培养学生在实践过程中获取新知识、激发创造力和创业能力，同时培养学生严谨的科学作风、相互合作的团队精神，提高学生自身的综合素质和在社会中的竞争力。在具体实践中，中山大学生命科学学院将"开放"作为这一教学模式的基础，实现"四开放"，即时间开放、空间开放、项目开放、试剂和仪器开放，使学生可以不受时间、空间和仪器设备及实验项目的限制，自主设计实验，自主探究科学问题。同时，中山大学生命科学学院坚持将"研究性"作为"开放式、研究性"实验教学模式的核心，强调学生在教师研究性教学的引导下，以问题为主线进行研究性的学习，在探究的过程中培养自身的创新意识和能力。为了发挥学生的主体能动性，中山大学生命科学学院结合实验教学，要求学生以团队形式，自行设计研究性实验项目，经教师进行形式审定（主要是实验条件和经费支持度）后，由学生按自己设计的技术路线和方法步骤开展实验，整理实验数据，撰写研究论文。在配套制度上，中山大学生命科学学院制定健全的管理体制和合理的运行机制，实行实验室教师轮流负责制和学生自治的原则，同时建立实验中心网站，对实验项目实行信息化、科学化、制度化和网络化管理，为学生的创新实践能力培养提供了有效保障。

最后，充分利用夏季小学期的时间。中山大学自2009学年全面推行"三学期制"。第三学期（夏季学期）是正常的教学学期，实施有利于拔尖创新人才培养的新机制、新模式，中山大学鼓励各教学院（系）利用第三学期加强实践教学，积极开展各种有组织、有课程成绩和学分的实践教学活动。由此，为了进一步加强学生的实践技能和创新能力，中山大学生命科学学院为全院学生开设了不少实验技能课、研究型实验项目系列课等几十门课，让学生进入教师实验室做科研项目，保证学生有时间完成原来申报的科研项目并撰写实验报告，由指导教师签名打分，记录为实验分1个学分。同时，暑假小学期（第三学期）也有30多位教师带一年级和三年级专业学生（300多名）外出实习，分别在教育部（教委）热带亚热带森林生态系统实验中心实习基地——黑石顶省级自然保护区、珠海淇澳-担杆岛省级自然保护区、深圳华大基因研究院和中山大学生命科学学院国家生物科学和技术人才培养基地产学研实习基地——广东肇庆星湖生物科技股份有限公司等地及其他名校国家实习基地进行实习。教学实习不仅可以帮助学生验证和巩固课堂上比较抽象的知识，实现理论和实践的结合，而且还可以培养学生的动手能力、问题分析能力及团队创新精神。

目前，中山大学生命科学学院的"开放式、研究性"的教学模式改革已获得初步成效。由首届国家级教学名师奖获得者王金发主持的相关的教学改革成果获得国家级教学成果二等奖。据统计，仅2005—2009年，参加实验的学生共完成实验论文4 190篇，其中，89篇在各种刊物上发表；获省级"挑战杯"奖14项，其中特等奖8项，一等奖5项，二等奖1项；获国家级"挑战杯"奖3项，其中特等奖1项，一等奖1项和三等奖1项，而且每年都有新的突破。2006年，中山大学生命科学学院学生获中山大学本科生研究基金资助项目51项；在2006年"国家大学生创新训练计划项目"和2007年"国家大学生创新性实验计划项目"中，中山大学生命科学学院的21项项目入选。2008学年有30项项目，其中3项为"国家大学生创新训练计划项目"；2009学年度共有55项项目，其中校级项目38项，省级15项，国家级2项。不仅如此，中山大学2006学年本科生科研学分授予论文中的21篇论文是中山大学生命科学学院的学生发表的。2010年10月，2007级生物科学专业学生叶子葳在期刊《广西植物》中以第一作者发表文章。中山大学生命科学学院学生在"挑战杯"、"广东省大学生生物化学实验技能大赛"和"生命科学学院生物技能大赛"中获得不少奖项。例如，2007级逸仙班本科生汤俊良在本科4年学习中共获得9个不同科研竞赛奖项。2010年2月，他荣获"创新潜能开发突出成果奖"，被导师直接点名，招收为直博生。2010年底，2008级生物科学专业学生钟欢负责的项目获得中山大学"挑战杯"课外学术科技作品竞赛特等奖。2011年4月，2008级生物技术专业学生寇强等获中山大学学生竞赛资助项目"国际基因工程机器大赛"，获研究经费4万元；同年，2007级生物科学专业学生张天度等成功获得美国"野生动物保育"资助项目，首次获6.8万元科研经费。

多年来的实践证明，中山大学生命科学学院的实践教学虽然取得不少成绩，但同时实验教学改革也遇到不少问题。①实验课程团队梯队建设问题。有的课程团队的教师出现断层现象；有的实验室系列人员快退休了，但新的人员还没有到岗。因此，要特别注意实验室人员和新教师队伍的引进和培训工作。②个别不同实验课程存在部分内容重复的问题。有的教师反映，给二年级开设的生物化学实验课程与给三年级开设的现代生物科学与技术大实验课程有部分内容重复现象。因此，所有实验教师要定期沟通，该学院也要有整体规划，进行全盘考虑，统一协调交叉内容。③创新实验内容要紧跟时代的发展而变化。新的实验教学内容要体现前瞻性和创新性。④开放实验指导教师的工作量大。由于全天开放，开放实验指导教师只能轮流值班和指导。但由于指导教师严重缺乏，工作人员身心俱疲。建议增加实验指导教师，解决人员不足问题。另外，由于扩招学生，实验仪器和材料严重缺乏；还存在实验室安全问题，要特别注意。

总之，中山大学作为"985工程"和"211工程"的研究型综合性大学，为响应《国家十二五教育发展规划纲要（2010—2020）》要求——高等教育要"全面提高教育质量"，"提高人才培养质量"和"提升科学研究水平"，更要注重培养学生的合作意识和创新能力，因本科教学质量是"研究型大学"的立校之本，也是学校生存的基础。进行教学与科研相结合的创新培养人才培养模式，正符合当前形势的发展。中山大学生命科学学院将积极探索并努力为学生创造条件，进一步提高教育质量的科研含量，为培养新一代的优秀人才做贡献。

参考文献

[1] 戚康标，王宏斌，何炎明，等. 开放式研究性实验教学的设计与管理 [J]. 实验技术与管理，2010，27（7）：25-28.

第十七篇 践行"三全育人"，构建教师培训长效机制，提升人才培养质量

一、教师培训的必要性

教师培训是教师专业成长的重要途径，是实现学校长久提升质量的关键，是加强基础教育教师队伍建设的一个重要手段（附录十）。

（1）大部分刚入职的专业教师缺乏教育教学能力，需要接受培训。新教师对教育理论、课程内容和教学方法缺乏了解。新教师除参加观摩课、讲座、教学沙龙、科研活动、集体备课、技能训练、竞赛和网课培训外，还要接受师德教育。他们学习高等教育学、心理学和进行教研实习后，取得 120 个继续教育学时，考试合格后可获"广东省高等学校教师岗前培训合格证书"。

（2）教师培训是新时代发展的要求。教师队伍建设是大学的另一项基础性工作，人才培养的关键在教师。习近平总书记强调，教师是教育工作的中坚力量，没有高水平的师资队伍，就很难培养出高水平的创新人才，也很难产生高水平的创新成果。习近平总书记鼓励大学教师"要成为大先生"。这些重要论述深刻阐释建设一流大学关键在人才培养，人才培养关键在教师。随着网络时代的崛起，学习各种新技术成为教师的必要技能，除此之外，提升教师"文理兼修"的人文气质、发挥教师的人格魅力和特别的教学风格，均对教师培训提出新的挑战。

（3）教师培训是深化教学改革的需要。根据中山大学和青年教师发展的要求及《广东省高等学校教师岗前培训指导意见》（粤教继函〔2018〕48号），为深化高校"放管服"改革，提升岗前培训质量，参训教师须参加不少于 1 个学期的教研实习，以提升教学科研的实践能力；高校应为每位教师配备 1 位师德高尚、教学科研经验丰富的指导教师，采用以师带徒的形式在教育思想理念、教学方法技能、科学研究，以及职业生涯规划等方面给予具体指导。

二、中山大学生命科学学院教师培训探索与实践

"十四五"时期，教师培训进入提质增效时代。如何实现教师培训提质增效、促进教师队伍建设是当前培训师要重点思考的一个命题。

中山大学生命科学学院坚持学习贯彻习近平新时代中国特色社会主义思想，落实立德树人根本任务，构建"三全育人"工作格局，紧紧围绕"加强基础、促进交叉、尊

重选择、卓越教学"十六字人才培养理念，着力培养有原始创新能力、国际视野开阔、能为国家解决生命科学领域重大难题的学界业界领军人才。人才培养，关键在教师。教师队伍素质直接决定着大学办学能力和水平。为了切实有效提升教师教育教学能力和水平，中山大学生命科学学院紧紧围绕立德树人的根本任务，建立健全以学科为载体、以专业为依托的教师培训长效机制，建设高素质教师队伍。目前，中山大学生命科学学院教师中，副教授以上教师共约150人，教师数量较多，教学水平参差不齐。面对新时代发展，教师培训进入一个新的阶段。中山大学生命科学学院在优化教学环境、提高教学质量和培训师资水平等方面做出以下努力。

1. 做好培训方案，实现以共性为基，个性设计为辅的目标

中山大学生命科学学院制定教师参训方案。新到教师除参加中山大学统一组织的新教师入职培训外，还须参加中山大学生命科学学院组织的培训；首聘期内应申请教师资格证，承担中山大学的课堂教学任务和教学科研，开课进行试讲、录像。中山大学生命科学学院对教师的师德师风和教育教学能力、研究能力等进行考核，填写教学研究申报书，指导教师制订参训人员教学能力培训计划，若发现问题则及时反馈。要求指导教师平均每周指导时间不少于1 h，每学期不少于20 h，并记录简要信息。中山大学生命科学学院除组织实践活动、建档对教师考核外，还要将资料报送学校。

2. 整合资源，中山大学生命科学学院管理人员积极为教师服务

如何发挥各种网络资源在教学中的作用，是值得广大教师和学校管理部门重视的研究内容。中山大学生命科学学院组织任课教师进行全员教育技术培训，要求任课教师能熟练使用 Blackboard 平台、PPT、思维导图及"雨课堂"小程序，有效地利用网络资源，提高教学质量。中山大学生命科学学院曾多次获中山大学数字化校园建设贡献奖（应用推广模范单位），积极推动数字化教学与教学资源建设，利用网络平台，组织教师申报精品课程、线上线下课等20门课，其中的4门课为国家精品课程，3门课为国家级一流课程。结合生物博物馆资源，该学院完成"植物学"和"动物学"课程图库建设。同时，该学院也为实践教学提供了一个理想的资源平台。该学院积极推广教务系统应用于管理与服务，编印《中山大学生命科学学院教师工作手册》宣传教务系统、毕业论文管理系统、办事指南和30多项管理制度，使教师更清楚、更好地利用平台和学院管理办法及流程，进一步更好地为学生服务。

3. 实施协同共享理念，不断扩展培训范围

中山大学生命科学学院鼓励教师参加全国教学会议和中山大学生命科学学院举办的全国性教学研讨会，鼓励教师参加全国微课比赛、教师竞赛和带学生进行生命科学竞赛等。这样的学习机会让教师了解各校的一些资源，他们可与经验丰富的教师分享一些技术经验，提高自身的教学能力。

4. 重视党建工作，思政教育培育时代新人

通过院长、书记思政第一课，开展党员领导联系学生支部、教师党支部、地方政府党支部和企业党支部结对共建等活动，聚焦立德树人，主动作为。围绕国家重大需求，在生物防控、生命组学、动植物健康与安全等方向重组科研团队，推进党团班一体化建设。将学生马克思主义学习小组活动覆盖全体团员和党员，建立自主学习、理论讲授、社会实践等多措并举的思政教育体系。加强意识形态阵地管理，落实好意识形态工作责任制，强化马克思主义主流意识形态认同，开展党史学习活动。

为进一步推进人才培养改革，培育生命科学方向的领军人才，贯彻落实学校春季工作会议精神，进一步提升人才培养质量，推进人才培养改革，中山大学生命科学学院每学期召开人才培养专题研讨会。会议以"变革、创新、成长"为主题，围绕立德树人，开展本科课程体系和研究生过程培养大讨论。教师围绕培养方案、课程群、大类课程设置、教研室建设和运行等，以教研室为小组单位进行分组（分为动物学、遗传学、微生物学、生物化学、生物信息学、细胞生物学、植物学、生态学等小组）讨论。各教研室进一步深化调整本科生培养方案和课程设置，加强课程思政、一流课程、教材和教学成果等建设工作，并协力建设学校大类培养所需的大学生物课程和大学生物实验课程。中山大学生命科学学院教学示范中心和国家重点实验室围绕如何建设学院教学与科研平台和服务人才培养进行了充分讨论。

5. 强化课程思政，发挥百年生物学科优势

中山大学生命科学学院加强思政工作体系顶层设计，充分挖掘生物学科中蕴含的求实创新、科学伦理、家国情怀、国家安全、责任担当等思政元素，培养学生的担当力、创新力、见解力和奋斗力，形成"顶住天、立住脊、落到地"的思政课程与课程思政相协同的课程体系。专业课程和通识课教学大纲融入思政元素，促进显性课程、隐性课程、第一课程、第二课程和第三课程互补互融。在教学能力、课程思政、师德师风和思政培训专题下，2021年，中山大学生命科学学院组织教师培训共4 033学时，总人次1 267次，总场次73次。首聘教师培训全勤参与。

2021年11月24日—11月26日，以教研室组织为主，中山大学生命科学学院70名教师参加全国高校教师网络培训中心主办的高校教师课程思政教学能力培训，强化思政工作体系顶层设计，每人培训学时为16学时，首聘教师培训全勤参与。2022年7月，中山大学生命科学学院组织全院教师参加暑期教师研修，每人培训学时为10学时，提高教师运用数字技术和数字平台开展教学活动的能力。

6. 抓教研室队伍，凝聚力量推进全员育人

由中山大学生命科学学院统筹，以教研室为单位，建立团队化思政教育和专业课程思政。2021年3月26日下午，中山大学生命科学学院召开2021年春季学期本科教学工作研讨和培训会议。会议由分管教学的副院长崔隽主持，该学院本科教育与学位委员、系主任/副主任、教研室主任/副主任及部分教师代表出席了本次会议。

会上，崔隽对召开此次会议的重要性进行阐述，强调本科教学工作的重要地位，并请系主任和教研室主任重视做好本年度的教学规划和改革工作；同时对本科教学的最新情况进行了通报。随后，中山大学生命科学学院本科教学与教务部何素敏针对各类项目申报对与会教师进行培训，解读了申报一流课程、在线课程、思政课和教材编写的流程

及注意事项，分析了各项目申报所需的材料、内容及要求等。

与会教师积极为教学改革建言献策，特别对理科大类招生拟开设新生物类课程的教学大纲进行讨论。会议决定由各教研室继续广泛征求意见，用心设计相关部分的授课内容，建设精品课程。最后，崔隽要求教师以大教研室为基础，以"三个面向"为导向，梳理各自的课程体系，遵守教学纪律、加强课程思政；教研室要充分调动教师的积极性，通过定期召开会议，承担培养新教师培训的任务，积极申报成果奖，做好金课和教材建设。

中山大学生命科学学院坚持每学期开学初召开本科教学工作研讨和培训会议，主要内容是针对上一个学期的教学工作进行研讨，并对新学期重点工作进行布置和落实，激发教师的工作热情，为新学期本科教学工作顺利高效开展和新计划的落实提供指引和保障。

中山大学生命科学学院构建教师培训长效机制，成立"教师引进与发展中心"，做到"与时俱进，集智共赢，思政元素加味"。中山大学生命科学学院在党委领导下，定时开展思政工作，要求教学科研团队结合，教研室每学期至少举行3次活动，教师可以互相促进、集体备课，培养新教师，互相听课，以团队为单位报教学项目，等等。这些措施为进一步提高教学质量提供保障。

7. 以老带新育新人，试讲活动效果明显

首聘期内教师须参加试讲、教研实习培训和教研室活动。为提高专任教师教学能力和水平，保证课堂教学质量，中山大学生命科学学院为教师首次开课或讲授新课程做好准备。根据《中山大学教师本科教学工作规程》（中大教务〔2021〕35号）和《教务部关于开展新开课教师试讲工作的通知》要求，中山大学生命科学学院于开课前组织了多名上新课教师参加试讲活动。每门课程要求试讲30 min，包含课程内容整体介绍及安排，模拟课堂讲授重点章节；试讲结束后，专家进行提问、点评，试讲教师回应。

试讲活动邀请院领导、教学名师、督导和课程组负责人或成员担任评审专家。

试讲教师根据要求试讲，充分展示课程设计、课程内容与教学方法。每位评审专家对试讲教师的仪态、备课、授课、教学方法和课件等方面进行评分，从上课激情、课堂设计和课程专业性等方面逐一点评，向试讲教师现场反馈改进建议，希望年轻教师注意PPT的美观，用创新思维给学生启发教学，注意传授知识与培养能力相结合。

试讲活动效果良好，试讲教师均通过试讲考核，试讲教师纷纷表示受益匪浅。新开课教师和上新课教师试讲活动有助于提高教学质量、打造高效课堂，对高水平、高素质师资队伍的建设起到积极的推动作用。试讲已经成为中山大学生命科学学院选拔培养优秀教师的一项有效措施，对提高教学质量具有重要意义。经过几十年来的探索和完善，试讲制度已取得明显的成效。在"以老带新"的举措下，新教师上课水平逐年提高。

部分教研室活动剪影如下。

（1）2021年1月28日，中山大学生命科学学院生物化学教研室生物化学课程组教师在贺丹青堂一楼会议室开展集体学习活动，对拍摄的"生物化学"系列微课视频进行研讨与修改。刘峰、赖德华、李莲等参加学习（图17-1）。

图 17-1　生物化学教研室教师对教师卢丹琪的视频进行学习和点评

（2）2021 年 4 月 29 日，动物学教研室举行活动，主题为"专业课教学中怎样融入思政内容"（图 17-2）。

图 17-2　中山大学生命科学学院动物学教研室活动

（3）2021 年 5 月 24 日，微生物教研室组织课程思政建设研讨汇报（图 17-3）。

图 17-3　微生物教研室活动

（4）图 17-4 至图 17-10 为中山大学生命科学学院相关教研室的其他活动相片。

图 17-4　2021 年 5 月 9 日，生物化学教研室举行教学研讨会

图 17-5　遗传学教研室会议

图 17-6　植物学教研室会议

图 17-7　动物学教研室会议

图 17-8　生物信息学教研室会议

图 17-9　微生物学教研室会议

图 17-10   生态学教研室会议

（5）由专业教师组成的习近平生态文明思想教研室，承担全校"习近平新时代中国特色社会主义思想概论"等3门思政课相关内容的教学工作（图 17-11）。

图 17-11   习近平生态文明思想教研室集体备课

三、对加强教师工作的几点建议

总而言之，中山大学生命科学学院在教育部"双一流学科"（包括生态学、生物学等）背景下，不断完善教学保障系统的建设，推动培训、评价、激励和荣誉制度结合的政策，鼓励教师提升教学能力和学术水平，推动教师上讲台，促进教师参与教学改革研究和建设，成果显著。对教师而言，要想摸索出一条具有特色的高水平教学之路，需要长期的积累，尤其是在现在复杂多变的社会环境之中，更是要面对包括互联网技术带来的"碎片化"在内的各种挑战。这就需要教师具有一颗深深热爱教学的红心与一个智慧的头脑。与时俱进是时代对每位教师的要求，也是每位好教师应该具有的基本素养。

教师要逐步从以下几个方面努力去做：

（1）教师应当心中时刻想着学生，在向着提高教学质量的道路上不断前进。怎样才能做一名好教师？①热爱学生，尊重学生是教师最基本的道德素养。②坚定自己"教书育人"的思想，完善自己。③要坚定不移地热爱自己的教学事业。

（2）在教学实践中落实科学素养和人文情怀相结合的教育理念。例如，中山大学对通识课要求课程内容体现融合性，如理理融合、文理融合、文医融合。于中山大学生命科学学院而言，让学生懂得为研究者与为普通人之间的密切关联，培育出生科人应有的科学素养、人文关怀与社会担当，进一步加强课程内容建设，继续开设以生物为主的与文学、社会学、医学、艺术、管理相关的交叉课程是培养人的目的。

（3）教育不仅是教，更是教与学互动的一个过程。一味地向学生灌输书本知识只是"教书匠"的水平。只有通过在教育中不断学习，在掌握学生实际情况的基础上对教学有所创新，才能逐渐提高教学水平。在教师的发展问题上，要适时调整和更新自身知识结构，坚持终身学习的做法；在面对困难如何克服的问题上，采取加强教师之间团结合作的方法；在教学教法经验方面，教师在上课过程中要多加思考，适时改进教学方法和策略，跟学生沟通交流，管理好课堂，以艺术的眼光去对待教学，争取精益求精。

参考文献

[1] 陈柳娟，王逸勤，张洁."微创新"实践推进教师培训提质增效［J］. 福建教育学院学报 2021，22（9）：114-116.

附录一　中山大学生命科学学院实习管理办法

第一章　总则

第一条　实习教学是本科阶段实践性教学的重要组成部分，是人才培养的一项重要环节。为加强对实习教学的规范管理，确保实习教学质量，特制定本办法。

第二条　实习的目的是通过学生进入野外基地或企业开展实习及科研活动，让学生巩固理论知识，运用所学知识，做到学有所用。

第二章　实习教学的组织管理

第三条　实习课程由各系和中山大学生命科学学院本科教育与学位专门委员会讨论决定。中山大学生命科学学院进行总体协调，各系负责计划、管理和总结。

第四条　必须根据教学大纲严格执行实习课程制度，各系主任负责组织做好实习安排，包括安排实习教师、实习时间地点、实习动员、考核和后勤服务等工作。

第五条　实习教师和学生都需购买保险和签订安全协议。

第三章　实习的条件保障

第六条　充分利用中山大学生命科学学院现有的大学生创新创业实习基地，进行优势互补的合作，依照教学计划完成教学任务，完成实习并实行成果共享。

第七条　实习点要有一定的规模，为师生提供食、宿条件；企业指导人员要认真负责，有较强的指导能力。

第八条　中山大学生命科学学院为学生提供实习教材作为实习参考工具，也可作为教师的参考用书。相关老师可根据实习内容的拓展不断更新教材内容。

第四章　考核

第九条　实习总评分可由平时分和实习论文成绩等部分组成，由指导教师按实习教学大纲的要求、学生完成实习的整体情况进行评分。

第十条　实习成绩按百分制记分。

第十一条　实习考核不及格者需重修。在实习期间请假达 1 周或以上者，须重新实习。

第十二条　对实习成绩要严格、公正地执行评分标准。一般情况下，教师在实习完一周内将成绩和情况总结送交所在学院（系）主任。

第五章　附则

第十三条　本规定由中山大学生命科学学院负责解释并组织实施。

第十四条　本规定自 2016 年 10 月 27 日起生效。

附录二　中山大学生命科学学院教师试讲管理办法

第一章　总则

第一条　教师培养和教师引进是师资队伍建设和管理工作的重要环节。为了了解教师对教学内容的理解与掌握程度，了解教师在教学方法、组织教学等方面的能力，保证学院本科教学质量，特制定本办法。

第二章　试讲对象

第二条　未开过课的新教师；拟引进的教师；另开新课，且授课内容与教师个人专业跨度较大的教师。

第三章　试讲组织及要求

第三条　由试讲教师本人向中山大学生命科学学院提出试讲申请，中山大学生命科学学院将在每年的 6 月或 12 月安排试讲，组织 3～5 位具有教学经验的教师（其中含 1 名组长）进行试讲评议。

第四条　试讲教师须在试讲前提交课程教学大纲或教案，以 PPT 形式试讲 20 min。

第四章　评议标准

第五条　评议可参考以下几点要求进行衡量：

（1）备课充分，内容安排紧凑，教学时间分配合理。

（2）教学目标明确，重点突出。

（3）概念表述准确，条理清晰。

（4）教学方法运用恰当，注意理论联系实际。

（5）善于吸收与课本有关的最新科研成果。

（6）课件或板书工整，布局合理。

（7）语言准确精练，普通话标准，有较好的沟通能力。

（8）善用启发式教学，有良好的师生互动，注意调节课堂气氛。

（9）合理使用教具，示范操作规范（实验教学课程）。

第五章　反馈意见

第六条　教师试讲结束后，由评委就授课内容、课件质量或教学方法提出问题或建议，试讲者即问即答。

第七条　评委打分并评出上课最佳人选。

第八条　教学秘书向试讲者反馈试讲结果。

第九条　经中山大学生命科学学院本科教育与学位专门委员会会议通过后正式聘任上岗。

第十条　试讲不合格或未经试讲的教师不得上课。

第六章　附则

第十一条　本规定由中山大学生命科学学院负责解释并组织实施。

第十二条　本规定自 2016 年 10 月 27 日起生效。

附录三 中山大学生命科学学院"基础学科拔尖学生培养试验计划（生物方向）"管理办法

第一章 总则

第一条 "基础学科拔尖学生培养试验计划（生物方向）"（相关班级简称"实验班"）以国家理科基地为依托，培养具有国际视野、满足国家与社会需求的高素质复合型拔尖创新人才。

第二条 培养具备交叉学科知识结构、有较强的创新精神与创新潜能，有望成为相关领域领军人物的研究型人才；面向应用学科侧重培养具有鲜明专业特色与国内国际竞争优势，富有领袖气质的行业精英人才。

第二章 选拔

第三条 招生仅面向大二的学生，新生报考须符合学院的招生要求，报名学生需符合逸仙学院《关于开展"基础学科拔尖学生培养实验班"学生选拔工作的通知》有关规定。

第四条 每年实行流动淘汰和递补的方式。

第五条 符合条件的学生将参加面试。

第三章 管理

第六条 中山大学生命科学学院利用学科优势，优化教学组织管理模式，为拔尖学生开设前沿课程及提供跨学科的选课机制，实行全程"一对一"导师制进行优生优培，创造条件鼓励学生到国内外一流大学、研究机构交流学习或进行科研训练，使优秀生在接受系统、扎实的专业培养基础上能享有更具个性化与复合创新特征的培养机制。

第七条 中山大学生命科学学院每年开展"实验班"年度考核，根据学生的学习、科研训练、发表论文和出国交流等综合情况进行考核。同时，考核后进行择优递补学生选拔工作，每个年级的学生不超过15名，中山大学生命科学学院根据考核结果确定择优递补名额。

第八条 对学生选择导师的要求：

（1）学生在大二上学期开始在中山大学逸仙学院生物学科导师名单中选择导师，经中山大学生命科学学院和中山大学逸仙学院同意后，学习期间不能随便更换导师。若确实存在需要更换导师的特殊情况，学生要填写"更换导师表"。

（2）学生进入导师实验室进行科研训练，每学期末写实验报告，由导师打分。实验报告作为科研技能训练课程的成绩。

第九条 对导师的要求如下：

（1）导师根据学生的专业兴趣、发展潜能及综合能力为学生量身定做培养方案，指导学生选课、选择专业方向，并根据其学习情况对培养方案进行动态调整。

（2）指导学生进入课题组或研究组进行科学研究训练，培养学生的创新精神和独立开展科学研究工作的能力。

（3）定期与学生进行面对面交流，指导学生的课业学习和科研实践。

（4）原则上导学不少于每周1次。

（5）原则上每位导师同时指导的在校"实验班"学生不超过3个。

第十条 大四最后一年进行"实验班"荣誉学生选拔。中山大学生命科学学院根据学生的毕业论文成绩、个人发展情况、学习和科研等综合情况进行选拔。每届选拔5名荣誉学生。

第十一条 学生进入"实验班"后，须制定切实的学习计划和研究方向，积极参加科研活动，认真选修中山大学逸仙学院开设的课程，进一步拓宽国际视野和提升国际交流能力。

第四章 出国（境）资助政策

第十二条 资助对象为中山大学逸仙学院三年级和四年级本科生。

第十三条 学生申请出国（境）交流须有实质性工作，包括参加学术竞赛，进行课程修读（课程要求与生命科学相关，游学项目不适用），参与学术会议（须有口头报告、大会海报等），进入科研机构进行实习或完成毕业设计。有其他经费支持者不可重复申请。

第十四条 学生向中山大学生命科学学院提出资助申请，连同邀请信、会议信息表、参会安排表、学习计划书、"逸仙学院资助申请表"、"中山大学本科生出国（境）申报表"、"逸仙学院本科生出国（境）协议书"等材料递交中山大学生命科学学院审核后，由该学院报中山大学逸仙学院最终审批。学生可申请学费、往返旅费和保险费的资助，伙食补助按财务标准包干，其余费用自行承担。

第十五条 出国（境）交流的学生必须按照学校批准时限如期回校，未经批准延期返校者按学校相关管理规定处理。

第十六条 学生返校后，须提交交流感想，内容包括对交流活动、课程的评价，对学院课程设置的建议等。在科研机构参加实习者，须提交指导者对学生的评价信。

第五章 附则

第十七条 本规定由中山大学生命科学学院负责解释并组织实施。

第十八条 本规定自2016年10月27日起生效。

附录四　中山大学生命科学学院本科招生宣传工作小组工作规程

第一章　总则

第一条　为更好执行中山大学的招生政策，吸引更多的优秀高中毕业生报考中山大学，争取早日实现中山大学"双一流"建设的奋斗目标，中山大学生命科学学院成立本科招生宣传工作小组，并制定本规程。

第二条　本科招生宣传工作小组是中山大学生命科学学院负责和组织生物科学大类本科招生宣传，面向中学进行生命科学科普工作的组织。

第二章　组织机构

第三条　本科招生宣传工作小组由教学系、学工部和工会等部门人员组成，同时包含教工党支部书记、热心招生工作的教授等；由书记和院长任组长，由分管教学的副院长和分管学生工作副书记任副组长。

第三章　任职要求

第四条　本科招生宣传工作小组成员须具备以下条件：

（1）熟悉党和国家的教育方针、政策和法规，师德高尚。

（2）热爱中山大学，关注中山大学的发展，熟悉中山大学的招生政策、招生宣传工作的策略和管理工作。

（3）为人正派、办事认真、坚持原则、责任心强，性格开朗，善于沟通。

第五条　本科招生宣传工作小组实行聘任制。在个人自愿的基础上，每年经学院遴选聘任并颁发聘书。

第四章　本科招生宣传工作小组基本职责

第六条　本科招生宣传工作小组履行以下职责：

（1）宣传党的教育方针政策及上级有关高等教育工作的文件精神；组织招生宣传人员培训，学习并熟悉中山大学的招生政策、招生宣传工作的策略与管理工作。

（2）贯彻中山大学招生宣传工作精神，按照中山大学每年下达的招生宣传工作要求，拟定招生宣传路线，组织包括一流学科的专家和教授在内的宣讲团，充分展示中山大学的办学理念和学科优势。

（3）制订每年的招生宣传工作计划和做经费预算，确认招生宣传方案，编印招生宣传资料，并按计划分步实施。做好每年的招生宣传工作总结，对下一年的工作提出指导性建议。

（4）有组织、有计划地建立广东省及全国重点省份重点中学联络人通信网络，在非招生时间有计划地组织教授科普团、校友讲座，到广东省各重点中学开展科普教育；通过校友的人生经历讲述，培养学生对生物学科的兴趣，宣传学校特色。有计划地开展高中老师"进学院"活动，做好高中老师的宣传工作。对向生物科学贡献较多生源的高中建立"优质生源基地"。通过各种措施，提高优质生源报读中山大学的比例，提高报考生物科学大类的第一志愿率。

（5）以教工支部为单位对广东省全部区域重点中学进行科普教育和学校学院特色介绍，做到对中学学生生物科学兴趣的引导和招生宣传覆盖整个广东省。工会协调整个科普教育活动，并补充遗漏中学的工作。

本规程自 2018 年 7 月 16 日起执行。

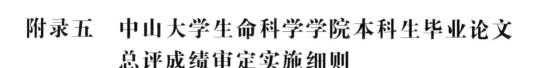

附录五　中山大学生命科学学院本科生毕业论文总评成绩审定实施细则

第一条　根据《中山大学本科生毕业论文（设计）工作管理规定》（中大教务〔2020〕111号）文件要求，为规范做好本单位本科生毕业论文（设计）（以下统称"毕业论文"）总评成绩审定工作，加强毕业论文过程管理，确保毕业论文质量，结合本单位实际，特制定本细则。

第二条　毕业论文总评成绩由导师评阅成绩（占20%）和答辩成绩（占80%）两部分组成，并分别由导师和答辩秘书在"中山大学大学生毕业论文（设计）管理系统"录入成绩。

第三条　导师评阅成绩的评定标准：百分制。导师根据毕业论文完成情况，论文查重报告，论文所反映的学生知识应用能力、独立工作能力、创新精神、写作质量和工作态度等做出客观、公正的综合评价，给出成绩评定及是否同意参加答辩的意见。

第四条　答辩成绩的评定标准：百分制。答辩主要考察：①学生阐述论文内容情况（能否充分表达主要思想、目的意义、方法结论，对参考文献是否熟悉等）、学生回答评委提问的情况和现场表现情况（包括表达是否流畅、态度是否端正、着装是否得体等）（占50%）；②毕业论文写作内容（占25%）；③实验记录（占25%）。

第五条　答辩由中山大学生命科学学院本科教育与学位专门委员会组织，答辩委员会具体实施。每一答辩小组由至少3名教师组成，每名学生答辩时间控制在10 min。

第六条　优秀毕业论文推荐名额分配：按照当届各专业（方向）在校生人数比例，直接计算出各个专业（方向）的推荐名额分配比例。

第七条　优秀毕业论文推荐名额分配：中山大学生命科学学院根据"中山大学大学生毕业论文（设计）管理系统"记录的毕业论文总评成绩（百分制）从高到低进行排序并择优遴选。如遇总评成绩相同的情况，则按答辩成绩从高到低排序并择优遴选。

第八条　本细则经本单位2021年第7次党政联席会审议通过，自发布之日起执行。

第九条　本细则由本单位负责解释。

附录六　中山大学生命科学学院本科毕业论文管理办法

（2021 年 5 月修订）

第一章　总则

第一条　本科生毕业论文是本科人才培养的重要环节和人才培养方案的重要内容，对培养学生实践能力、创新思维，提高学生的综合能力和全面素质具有重要意义。

第二条　为进一步规范本科生毕业论文工作，确保本科生毕业论文质量，特依据《中华人民共和国学位条例》、《中山大学本科生学籍管理规定》（中大教务〔2020〕97号）、《中山大学本科生毕业论文的有关规定》、《中山大学本科生毕业论文（设计）工作管理规定》（中大教务〔2020〕111 号）等，制定本规定。本规定适用于全日制本科生。

第二章　本科毕业论文工作的目标定位

第三条　毕业论文课程是我院本科教学计划中独立设置的专业必修课程，为加强过程管理，采用"三段式"节点化（选题开题—中期考核—论文答辩）管理，保证质量。自 2016 级，要求学生从第 6 学期开始进行毕业论文的开题，第 7 学期进行中期考核，第 8 学期完成毕业论文，按培养方案安排给予相应学分。其基本目标是培养学生以下几方面的能力和素养：

（1）培养综合运用专业基本理论、基本知识和基本技能的能力。

（2）培养独立或在导师指导下提出科学问题、分析问题和解决问题的能力。

（3）培养运用专业技能获取信息和科学地处理数据的能力。

（4）培养整理和引用文献的能力。

（5）培养科学论文撰写能力。

（6）培养理论联系实际的工作作风和严谨认真的科学态度。

第三章　本科毕业论文的指导

第四条　校内指导教师应具有中级或中级以上专业技术职称。每位指导教师指导的本科生人数不能超过 3 人/学年。

第五条　指导教师应认真履行教师职责，指导学生选题，审定学生的毕业论文方案，拟定毕业论文任务及进度要求。

第六条　指导教师应定期检查本科生的"本科毕业课题实验记录本"，帮助学生解决毕业课题实施过程中的主要问题，并在毕业论文选题开题、中期考核和毕业论文撰写

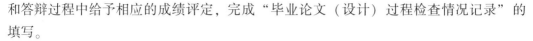

和答辩过程中给予相应的成绩评定，完成"毕业论文（设计）过程检查情况记录"的填写。

第七条　学生应主动联系指导教师，在教师指导下制订详细的工作计划并严格执行，定期向指导教师汇报工作进展。学生无故缺席毕业论文的指导及记报时间累计达到毕业论文课程总时数 1/3，指导教师有权取消学生继续做毕业论文的资格，并向中山大学生命科学学院（系）提供必要的证据材料，报学院（系）研究决定并备案，并按相关学籍管理规定处理。

第四章　本科毕业论文的选题和开题

第八条　毕业论文的选题是确保毕业论文质量的关键。本科毕业论文的选题应遵循以下原则：

（1）论文选题要符合专业培养目标，满足人才培养基本要求，使学生在专业知识应用方面得到比较全面的训练。

（2）论文选题要具有可行性，符合本科生知识、能力和工作条件的实际，切实满足本科毕业论文工作量的要求，并保证学生在规定时间内，通过自身努力能够完成课题内容或取得阶段性结果。

（3）选题不宜过大或过泛，要求有一定的创新性。

（4）因毕业课题需要在院内公开答辩，因此，涉密课题不宜作为本科毕业论文选题。

（5）选题题目应避免与他人的选题题目或过往 2 届的毕业论文题目完全相同。

第九条　每名学生应独立完成毕业论文，不得由 2 人或 2 人以上合写。因此，应一人一题，内容不得重复。选题内容必须是原创研究性课题，不得只是综述内容。

第十条　选题确定后一般不可随意更改。确有更改必要时，应由学生提出申请，经指导教师审核同意后报中山大学生命科学学院教务办公室备案。

第十一条　如学生考试不合格的必修课程学分累计达到 20 个学分，则该学生不得开始毕业论文工作。中山大学生命科学学院（系）负责开展毕业论文的资格审核。

第十二条　选题确定后，学生要在查阅相关资料后填写相关表格，导师填写指导意见并给予成绩评定（按优、良、中、及格、不及格的等级制给分）。开题报告不少于 1 000 字，开题报告格式：①正文字体为小四号仿宋体；②1.5 倍行距；③日期用阿拉伯数字表示，如 2019 年 6 月 25 日。学生至少有 2 周时间在实验室，由导师负责考勤记录。

第十三条　开题报告主要内容包括题目、选题意义、研究背景与基础、研究内容和拟解决的主要问题、实验方法和技术手段、预期结果和达到的目标、实验步骤和进度安排、参考文献等。6 月下旬，导师根据考勤记录（占 40%）和开题报告内容（占 60%）给出具体意见和等级分数，导师签字后的开题报告最后上交学院和上传到毕业论文管理系统。

第五章 本科毕业论文的中期检查与考核

第十四条 为了及时掌握本科毕业论文的进度，中山大学生命科学学院对全体学生进行毕业课题中期检查。在校外做毕业论文的学生，均须返校接受中期检查。没有论文开题成绩的学生不能参加中期考核。要求在研究过程中有记录，研究内容全面，应用的理论知识体系完善；研究方法选择得当；研究资料可靠、系统，能完整地引证相关文献资料；实验方案设计与实施科学、规范、严谨。

第十五条 中期检查与考核的形式：

（1）现场 PPT 汇报，5 min。

（2）提交中期检查报告表。

（3）答辩现场查阅"本科毕业课题实验记录本"，答辩后返还。

（4）中期考核成绩评定：考核内容包括实验记录成绩（占 20%）、导师评分（占50%）、答辩成绩（占 30%）。

第六章 本科毕业论文的撰写

第十六条 本科毕业论文的基本标准（附件九）：

（1）本科毕业论文可以大致反映作者运用在大学所习得的知识和技能来分析和解决本学科的一些基本问题的学术能力。

（2）工作量要饱满。毕业论文篇幅一般不少于 10 000 字（不包括目录和参考文献），其中，论文结果不少于 3 000 字。

第十七条 毕业论文结构包括主标题，中、英文论文摘要，关键词，目录，正文，注释，参考文献，致谢。

第十八条 毕业论文应按照统一格式撰写，各种文档及附件均应按照统一格式打印。

第十九条 如果用英文撰写毕业论文，须附上一份详细介绍本课题创新点、研究方法、研究内容等方面的中文论文概述（不少于 1 500 字）。

第二十条 本科毕业论文的撰写应遵守学术道德和学术规范。毕业论文中所使用的主要数据必须在实验记录本上有完整的原始记录。如果本科毕业论文出现抄袭、伪造数据或请人代写等现象，一经查实视情节轻重按考试违纪处理。

第二十一条 中山大学提供统一论文检测平台，中山大学生命科学学院（系）负责组织落实毕业论文检测工作，每篇毕业论文一般有 2 次检测机会。

第七章 本科毕业论文的评阅和提交

第二十二条 在每年 4 月底之前，学生要完成毕业论文的撰写，并提交给指导教师评阅。指导教师对学生的学习态度、工作能力、论文质量等做出评价。导师对学生的指导应不少于 3 次，并在学校毕业论文系统中形成文字记录。

第二十三条 在指导教师同意答辩的前提下，学生在规定时间内向各系提交本科毕业论文（无须装订）。

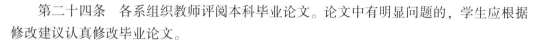

第二十四条　各系组织教师评阅本科毕业论文。论文中有明显问题的，学生应根据修改建议认真修改毕业论文。

第二十五条　毕业论文的封面、封底由中山大学统一印制。

第八章　毕业论文答辩的组织及要求

第二十六条　每年 5 月上旬，由各指导教师组织预答辩。中山大学生命科学学院于答辩前一周交电子版论文，由评委先检查。

第二十七条　中山大学生命科学学院（系）审核学生的答辩资格，并公布答辩名单。

第二十八条　有下列情况的学生不能获得答辩资格：

（1）毕业当年申请延读者。

（2）没有开题成绩，没有中期考核成绩者。

（3）论文评阅不合格者、论文或成果经证实有侵犯他人著作权者、查重不合格者。

（4）有其他严重违纪违规者。

第二十九条　有答辩资格的学生均需要参加各系组织的正式现场答辩（按专业分组）。正式答辩不可采用视频或电话等其他的答辩形式。

第三十条　毕业答辩包括课题陈述和答辩提问两个环节。论文陈述时间为 6 min（PPT 汇报），答辩评审小组提问 4 min。

第三十一条　答辩评审小组根据毕业论文成绩评定标准（本条例第九章）进行评分。对于学生的答辩现场表现，要求学生在陈述环节中述说清晰，重点突出，有条不紊；在答辩环节中学生应对答流利；PPT 美观等。各系及学院核查无误后，报送中山大学教务部。论文最后提交毕业论文管理系统。

答辩委员会的职责是：开展毕业论文的答辩工作，认真执行中山大学生命科学学院（系）制定的评分标准和要求，完成成绩评定和评语撰写。成绩评定采用百分制，对答辩委员会全体成员的打分取平均值（四舍五入取整），作为学生最终的答辩成绩。答辩委员会成员应具有本科毕业论文指导资格，人数不少于 3 人，其中不包含答辩学生的导师。答辩委员会主席一般由具有副教授及以上职称的教师担任。

第三十二条　毕业论文答辩应以公开方式进行，答辩过程和评价意见须有书面记录，并由答辩委员会全体成员签名确认。

第三十三条　毕业答辩成绩不及格者，中山大学生命科学学院（系）不组织第二次答辩。

第九章　毕业论文成绩评定

第三十四条　毕业论文属专业必修课，采用优秀（100～90 分）、良好（89～80 分）、中等（79～70 分）、及格（69～60 分）、不及格（60 分以下）五级记分法。毕业论文的绩点亦按此计算。未获得毕业论文答辩资格或答辩成绩不及格者，毕业论文成绩一律以不及格计。

第三十五条　毕业论文总评成绩由导师评阅成绩（占20%）和答辩成绩（占80%）两部分组成，并分别由导师和答辩秘书在"中山大学大学生毕业论文（设计）管理系统"录入成绩。毕业论文答辩成绩的评定原则：①学生阐述论文内容情况（能否充分表达主要思想、目的意义、方法结论，对参考文献是否熟悉等）、学生回答评委提问的情况和现场表现情况（包括表达是否流畅、态度是否端正、着装是否得体等）（占50%）；②毕业论文写作内容（占25%）；③实验记录（占25%）。中期考核不及格者不可评优。

第三十六条　毕业论文不及格，因所修学分不足影响毕业的，可以申请延长在校学习时间，也可先结业并在结业后两年内完成毕业论文。

第三十七条　获得推荐免试攻读硕士学位研究生资格的应届毕业生，若其毕业论文不及格，则自动失去其免试攻读硕士学位资格。

第三十八条　答辩成绩优异者，报予中山大学的参加优秀论文奖评选。评优的毕业论文数一般不超过本届毕业学生总人数的30%。中山大学生命科学学院将对获校级优秀毕业论文的学生及其指导教师进行表彰。对不负责任的导师进行预警，限制其1～2年不能带本科生。

第三十九条　学生对答辩资格或毕业论文成绩存在异议时，须满足以下条件方可在收到通知后7日内向中山大学生命科学学院提出复议申请：

（1）指导教师同意提出复议。

（2）对答辩资格或毕业论文成绩提出有效的抗辩理由。

（3）主要实验结果在实验记录本中有明晰的原始记录。

学院本科教育与学位专门委员会接到复议申请书后须及时向导师、答辩委员会成员等了解情况，对学生答辩资格或毕业论文成绩进行重新评定。逾期不予受理。

第十章　毕业论文的质量监控

第四十条　中山大学生命科学学院根据本科培养方案和本科生毕业论文管理办法定期检查毕业论文的有关工作，并于学期末将检查结果报学校教务部。

第四十一条　中山大学生命科学学院领导定期对全院的本科毕业论文进行抽查，将抽查结果向各系及指导教师反馈。对毕业论文抽查不合格者，学院将根据具体情况做出论文修改、重新答辩或延迟授予学位的处理。

第十一章　校外开展毕业课题的管理

第四十二条　原则上学生要在校内开展毕业课题。如果确实有特殊需求，可以向中山大学生命科学学院提出外出做毕业论文的申请。但是，以就业等为前提的外出实习不在申请范围。外出实习须满足以下条件：

（1）外出实习需要提交"本科生外出做毕业论文申请表"；出示"接受公函"和"安全承诺书"。

（2）接收单位须指派有副高级或副高级以上职称的人员负责学生的毕业论文指导。

（3）接收单位必须有与中山大学生命科学学院专业培养目标相符合的毕业论文课题，保证毕业课题的创新性，并必须保证毕业论文达到中山大学本科毕业论文水准。

（4）学生同时配备校内导师以共同指导该生的毕业论文，实行"双导师制"，以保证论文质量。

（5）在校外做毕业论文的学生必须按本管理规定相关要求完成选题、开题、过程检查、评阅、查重等工作，且须按时返校参加中期检查和毕业答辩，方可取得成绩。

第十二章　毕业论文的存档

第四十三条　学生均不得带走毕业论文资料（包括实验记录、原始数据、计算数据、野外调研记录、图片及其他有保存价值的资料等），要交给指导教师保管或处理。

第四十四条　未经指导教师同意，学生不得将毕业论文成果在校外或学会上公开发表。成果转让工作须征得中山大学生命科学学院和中山大学主管部门同意，学生不得私自转让。

第十三章　其他

第四十五条　本条例由中山大学生命科学学院本科教学与教务部负责解释。

第四十六条　本条例自发布之日起实施。原《本科毕业论文管理办法（试行）》自行废止。

附录七　中山大学生命科学学院学生毕业论文（设计）开题报告

Form 7　Research Proposal of Graduation Thesis（Design）

论文（设计）题目： Thesis（Design）Title：
（简述选题的目的、思路、方法、相关支持条件及进度安排等。） （Please briefly state the research objective, research methodology, research procedure and research schedule in this part. ）   Student Signature：　　　　　　　　　　　　　　Date：
指导教师意见： Comments from Supervisor：   成绩评定： 1. 同意开题　　　　　2. 修改后开题　　　　　3. 重新开题 1. Approved （　　）　2. Approved after Revision （　　）　3. Disapproved （　　） Supervisor Signature：　　　　　　　　　　Date：

附录八　中山大学生命科学学院本科生毕业论文中期检查报告

姓名		学号		指导教师 （工作单位）	
专业		学院/系			
毕业设计 （论文）题目					
课题来源/ 项目编号					
课题有无变化	□无　□有　变化原因：				
中期报告（已完成的研究内容，所取得阶段性成果，下一步工作计划和研究内容等，可另附页）： 学生签名：＿＿＿＿＿＿ 年　　月　　日					
指导教师意见： 指导教师签名：＿＿＿＿＿＿ 年　　月　　日					

附录九　中山大学生命科学学院关于本科生毕业论文格式的补充说明

本科生毕业论文格式请参照《中山大学本科生毕业论文的有关规定》中的"毕业论文的选题和写作要求"（下载方式：登陆教务部网站主页，点击"管理文件"，找到对应文件并下载），并注意以下事项。

一、本科生毕业论文基本结构

本科生毕业论文基本结构见附图 9-1。

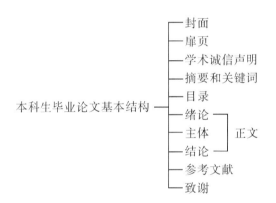

附图 9-1　本科生毕业论文基本结构

二、毕业论文的撰写内容与要求

（一）封面和封底

（1）封面和封底由学校统一印发。封面包括论文题目、所在院系和专业、学生姓名和学号、指导教师（姓名及职称）等信息。

（2）中文题目一般不宜超过 25 个字，必要时可增加副标题。

（3）题目不能有"（　）""-"等特殊字符。

（4）中文、英文题目应一致。英文标题一般不宜超过 12 个实词，要求用 Times New Roman 字体，将各单词首字母大写（定冠词、介词除外）。

（5）封面题目居中打印。

（二）扉页

扉页内容包括论文题目（中、英文），学生姓名、学号、院系、专业，指导教师

（姓名及职称）等信息。格式详见文后示例。

（三）学术诚信声明

内容及格式详见文后示例。

（四）摘要和关键词

1. 中文摘要和关键词

（1）摘要内容一般应包括研究目的、内容、方法、成果和结论，要突出论文的创造性成果或新见解，不要与绪论相混淆。语言力求精炼、准确，一般不超过 2 个自然段，300～500 字。

（2）关键词与摘要应在同一页，关键词在摘要的下方另起一行注明，一般列 3～5 个，以"，"分隔。

中文摘要和关键词样式如下：

论文题目：（居中，黑体二号）

空一行

【摘要】（黑体、三号并加方括号，居中）

××
××××××××××××××××××××××××××××××××××××（宋体，小四号）

关键词（宋体、小四号，后加冒号，标题"关键词"加粗）：×××，××××，×××
（宋体、小四号）

2. 英文摘要和关键词

（1）英文摘要及关键词内容应与中文摘要及关键词内容相同。中英文摘要及其关键词各置一页内。

（2）关键词以逗号分隔，英语关键词除特定情况外首字母为小写。

（3）英文名姓前名后，姓和名的首字母大写。

英文摘要和关键词样式如下：

【ABSTRACT】（大写，Times New Roman，三号，加粗并加方括号，居中）

××
××××××××××××××××××××××××（Times New Roman，小四）

【KEYWORDS】（Times New Roman，小四加粗）：×××，××××，×××（Times New Roman，小四）

（五）目录

从主体部分，即第一章开始编目录。"目录"二字居中，黑体、三号。目录格式用 Word 自动生成，内容中各章标题用黑体、四号，其他内容用宋体、小四号。

（六）正文

（1）正文部分一般包括前言、研究意义及研究目的、主要研究内容、研究方案和技术路线、材料和方法、结果、讨论、总结和展望等内容。

（2）正文内各章标题用黑体、三号、居中；各节一级标题设为黑体、四号、左对齐；各节二级及以下标题设为宋体、小四号、加粗、左对齐；标题前空 2 个字符。正文内容使用小四号、宋体；全文 1.5 倍行距，章、节标题和段前、段后各空 0.5 行；段前空 2 个字符。

（3）表格统一用三线表；图表标题使用宋体、五号，图表说明应有完整中英文对照；表格必须与论文叙述有直接联系，不得出现与论文叙述脱节的表格。表格中的内容在技术上不得与正文矛盾。每个表格都应有自己的标题和序号。标题应写在表格上方正中，不加标点，序号写在标题左方。全文的表格可以统一编序，也可以逐章单独编序。采用哪一种方式应和插图、公式的编序方式统一。表序必须连续，不得跳缺。表格允许下页接写，接写时标题省略，表头应重复书写，并在右上方写"续表××"。多项大表可以分割成块，多页书写，接口处必须注明"接下页""接上页""接第×页"字样。表格应放在离正文首次出现处最近的地方，不应超前和过分拖后。

（4）插图应与文字内容相符，技术内容正确。所有制图应符合国家标准和专业标准。对无规定标准的图形应采用该行业的常用画法。每幅插图应有标题和序号，全文的插图可以统一编序，也可以逐章单独编序，如图 45 或图 6.8。采取哪一种方式应和表格、公式的编序方式统一。图序必须连续，不重复，不跳缺。由若干分图组成的插图，分图用"a，b，c..."标序。分图的图名以及图中各种代号的意义，以图注形式写在图题下方，先写分图名，另起行写代号的意义。图与图标题、图序号为一个整体，不得拆开排版为两页。当页空白不够排版该图整体时，可将其后文字部分提前，将图移至次页最前面。对坐标轴必须进行文字标示，有数字标注的坐标图必须注明坐标单位。

（5）名词术语使用。科学技术名词术语尽量采用全国自然科学名词审定委员会公布的规范词或国家标准、部标准中规定的名称。尚未统一规定或叫法有争议的名词术语，可采用惯用的名称。特定含义的名词术语或新名词，以及使用外文缩写代替某一名词术语时，首次出现时应在括号内注明其含义，如：OECD（Organisation for Economic Co-operation and Development）代替经济合作发展组织。外国人名一般采用英文原名，可不译成中文，英文人名按姓前名后的原则书写，如：CRAY P。不可将外国人姓名中的名部分漏写，例如：不能只写 CRAY，应写成 CRAY P。一般很熟知的外国人名（如牛顿、爱因斯坦、达尔文、马克思等）可按通常标准译法写译名。

（6）物理量名称、符号与计量单位。论文中某一物理量的名称和符号应统一，一律采用国务院发布的《中华人民共和国法定计量单位》。单位名称和符号的书写方式，应采用国际通用符号。在不涉及具体数据表达时允许使用中文计量单位，如"千克"。表达时刻应采用中文计量单位，如"下午 3 时 10 分"，不能写成"3 h 10 min"，在表格中可以用"3：10PM"表示。物理量符号、物理量常量、变量符号用斜体，计量单位符号均用正体。

（7）数字。无特别约定情况下，一般均采用阿拉伯数字表示。年份一律使用 4 位数字表示。小数的表示方法：一般情形下，小于 1 的数，需在小数点之前加 0；但当某些特殊数字不可能大于 1 时（如相关系数、比率、概率值），小数点之前的 0 要去掉，如 $r=.26$，$P<.05$。统计符号的格式：一般除 μ、α、β、λ、ε 及 V 等符号外，其余统计符号一律以斜体字呈现，如 *ANCOVA*，*ANOVA*，*MANOVA*，*N*，*nl*，*M*，*SD*，*F*，*p*，*r* 等。

（8）公式使用。应另起一行写在稿纸中央。一行写不完的长公式，最好在等号处转行，如做不到这一点，可在运算符号（如"＋""－"号）处转行，等号或运算符号应在转行后的行首。公式的编号用圆括号括起，放在公式右边行末，在公式和编号之间不加虚线。公式可按全文统编序号，也可按章独立编排序号，如（49）或（4.11）。采用哪一种序号应和图序、表序编法一致。不应出现某章里的公式编序号，有的章里公式却不编序号的情况。子公式可不编序号，需要引用时可加编 a，b，c……，重复引用的公式不得另编新序号。公式序号必须连续，不得重复或跳缺。文中引用某一公式时，写成"由式（16.20）"。

（七）参考文献

（1）毕业设计（论文）中有个别名词或情况需要解释时，可加注说明。注释采用篇末注，应根据注释的先后顺序编排序号。注释序号以"①""②"等数字形式标示在被注释词条的右上角。篇末注释条目的序号应按照"①""②"等数字形式与被注释词条保持一致。

（2）参考文献的著录应符合国家标准，参考文献的序号左顶格，并用数字加方括号表示，如"［1］"。每一条参考文献著录均以"."结束。具体各类参考文献的编排格式如下：

a. 文献来自期刊时，书写格式为：

［序号］作者. 文章题目［J］. 期刊名，出版年份，卷号（期数）：起止页码.

b. 文献是图书时，书写格式为：

［序号］作者. 书名［M］. 版次. 出版地：出版单位，出版年份：起止页码.

c. 文献是会议论文集时，书写格式为：

［序号］作者. 文章题目［A］. 主编. 论文集名［C］，出版地：出版单位，出版年份：起止页码.

d. 文献是学位论文时，书写格式为：

［序号］作者. 论文题目［D］. 保存地：保存单位，年份.

e. 文献来自报告时，书写格式为：

［序号］报告者. 报告题目［R］. 报告地：报告会主办单位，报告年份.

f. 文献来自专利时，书写格式为：

［序号］专利所有者. 专利名称：专利国别，专利号［P］. 发布日期.

g. 文献来自国际、国家标准时，书写格式为：

［序号］标准代号. 标准名称［S］. 出版地：出版单位，出版年份.

h. 文献来自报纸文章时，书写格式为：

［序号］作者. 文章题目［N］. 报纸名，出版日期（版次）.

i. 文献来自电子文献时，书写格式为：

［序号］作者. 文献题目［电子文献及载体类型标识］. 电子文献的可获取地址，发表或更新日期/引用日期（可以只选择一项）.

电子参考文献建议标识：

［DB/OL］——联机网上数据库（database online）。

［DB/MT］——磁带数据库（database on magnetic tape）。

［M/CD］——光盘图书（monograph on CD-ROM）。

［CP/DK］——磁盘软件（computer program on disk）。

［J/OL］——网上期刊（serial online）。

［EB/OL］——网上电子公告（electronic bulletin board online）。

（3）注释、参考文献依次列在篇末，参考文献标题设为黑体、三号、居中，参考文献内容设为宋体、五号，英文用 Times New Roman、五号。

（4）若按文中出现顺序排列的，文中相应位置需用上标格式的"［序号］"标明。若按文献作者排序的，中文文献在前，不需标序号。每条文献首行顶格，其他行前面要适当缩进。

（5）作者全部列出或只列前三人，后加"，等"或"，et al"，姓名格式一致。

（6）期刊名用 Endnote 格式（完整列出题目名称）。期刊页码完整列出。

（7）参考文献一般不少于 30 篇。

（八）相关的科研成果目录

本科期间发表的与毕业论文相关的论文，或被鉴定的技术成果、发明专利等，应在成果目录中列出。此项不是必须项，空缺时可以省略。

（九）附录

对于一些不宜放在正文中的重要支撑材料，可编入毕业论文的附录中，包括某些重要的原始数据、详细数学推导、程序全文及其说明、复杂的图表、设计图纸等一系列需要补充提供的说明材料。如果毕业论文中引用的实例、数据资料，实验结果等符号较多时，为了节约篇幅，便于读者查阅，可以编写一个符号说明，注明符号代表的意义。附录的篇幅不宜太多，一般不超过正文。此项不是必需项，空缺时可以省略。

附录标题为黑体、三号、居中，附录内容为宋体、小四号。

（十）致谢

致谢应以简短的文字对在课题研究与论文撰写过程中曾直接给予帮助的人员（例如指导教师、答疑教师及其他人员）表达自己的谢意。内容限一页。

致谢标题为黑体、三号、居中，致谢内容为宋体、小四号。

三、毕业论文的撰写格式要求

（一）文字和字数

论文正文部分一般不少于 10 000 字（不包括目录和参考文献），其中论文结果不少于 3 000 字。

（二）字体和字号

标题一般用黑体，内容一般用宋体，数字和英文字母一般用 Times New Roman，具体见附表 9-1。

附表 9-1　字体、字号与对齐方式

项目	字体，字号
论文题目	黑体，二号，居中
中文摘要标题	黑体，三号，居中
中文摘要内容	宋体，小四号
中文关键词	宋体，小四号（标题"关键词"加粗）
英文摘要标题	Times New Roman，加粗，三号，全部大写，居中
英文摘要内容	Times New Roman，小四号
英文关键词	Times New Roman，小四号（标题"KEYWORDS"加粗）
目录标题	黑体，三号，居中
目录内容	各章标题；黑体，四号。 其他内容：宋体，小四号
正文各章标题	黑体，三号，居中
正文各节一级标题	黑体，四号，左对齐
正文各节二级及以下标题	宋体，小四号，加粗，左对齐，空两个字符
正文内容	宋体，小四号
参考文献标题	黑体，三号，居中
参考文献内容	宋体，五号
致谢、附录标题	黑体，三号，居中
致谢、附录内容	宋体，小四号
页眉与页脚	宋体，五号，居中
图题、表题	宋体，五号
脚注、尾注	宋体，小五号

（三）页面设置

页边距：上边距 25 mm，下边距 20 mm，左右边距均为 30 mm。

行距：1.5 倍行距，章、节标题和段前、段后各空 0.5 行。

（四）页码

页码位于页面底端居中，从摘要开始至绪论之前以大写罗马数字（Ⅰ，Ⅱ，Ⅲ…）单独编连续码，绪论开始至论文结尾，以阿拉伯数字（"1，2，3…"）编连续码。

（五）目录

目录应另起一页，包括论文中的各级标题，按照"一、……""（一）……"或"1.……""1.1……"格式编写。

（六）各级标题

正文各部分的标题应简明扼要，不使用标点符号。论文内文各大部分的标题用"一、二、……（或1、2……）"，次级标题为"（一）、（二）……（或1.1、2.1…）"，三级标题用"1.、2.…（或1.1.1、2.1.1…）"，四级标题用"（1）""（2）…（或1.1.1.1、2.1.1.1…）"，不再使用五级以下标题。两类标题不要混编。

（七）附录

论文附录依次用大写字母"附录A、附录B、附录C……"表示，附录内的分级序号可采用"附A1、附A1.1、附A1.1.1"等表示，图、表、公式均依此类推为"图A1、表A1、式A1"等。

四、毕业论文印刷与装订顺序

（1）要求论文用A4纸双面打印。封面和封底要打印，不可手写。第一栏由导师打分并写评语。各导师组织预答辩后修改，然后将初稿打印交各系秘书（不含封面）。系秘书将论文摘要提前复印给各答辩委员，学院统一安排答辩后，学生重新修改论文并装订（加封面），一周后交回各系秘书，第二栏由中山大学生命科学学院答辩委员填写并签名。

（2）毕业论文应按以下顺序装订：封面→扉页→学术诚信声明→摘要→目录→正文→参考文献（→附录）→致谢。

附录十　中山大学生命科学学院教师教学培训实施细则

第一条　根据《中华人民共和国教师法》（2009 年 8 月，人大常务委员会修改）、《教师资格条例》（1995 年 4 月，国务院发布）、《教育部　中央组织部　中央宣传部　国家发展改革委财政部　人力资源社会保障部关于加强高等学校青年教师队伍建设的意见》（教师〔2012〕10 号）、《国务院关于加强教师队伍建设的意见》（国发〔2012〕41 号）和《中共中央国务院关于全面深化新时代教师队伍建设改革的意见》（2018 年 1 月，中共中央　国务院意见），为推进教师教学培训的专业化和规范性，提高教师教育教学能力，结合本单位实际，特制定本细则。

第二条　培训对象：承担中山大学教学任务的所有中山大学生命科学学院教师。

第三条　培训要求

（1）建立立体化教师培训体系，严格职业准入和课堂准入，开展分类的、深度的教师培训。

（2）重点面向新入职教师和青年教师成长需求，建立教师教学培训激励、约束机制，推动教师培训常态化，推行学分（学时）管理。

（3）鼓励教学经验丰富的副教授、教授以组织和主持学术活动、讲座、沙龙、工作坊等方式，支持同行教师的发展。

第四条　培训形式

坚持灵活多样与讲求实效相结合的原则，提高培训的针对性和实效性，充分激发教师个体在专业和职业发展中的自觉性和主动性。主要包括专题讲座、教学会议、教学活动、在线学习、教学研讨、读书报告、听课观摩、沙龙和工作坊等。

第五条　培训内容

（1）开展依托学科和专业背景的教师教学培训，主要包括专业理论与规范、课程思政设计、教学行为与评价、教学设计方法、教学研究技巧、信息化教学技术等。

（2）教研实习相关培训内容。

A. 试讲。课程内容及安排+重点章节+专家提问=45 min+30 min。

完成试讲录像，时长 45 min，MP4 格式，大小不超过 2 Gb，使用 720 P 高清分辨率。专家提问 30 min。

B. 参加教学沙龙、技能训练和教学竞赛（参加不少于 3 次）。

C. 教学观摩（至少观摩 1 门课程，不少于 10 次，每次至少 1 节课，并填写"听课记录表"）。

D. 教学设计（计划开设课程的教学大纲、教案，撰写教学 PPT 等）。提交授课教案（至少 2 个课时）、教学 PPT 或板书照片（至少 2 个课时）。

E. 提交教学研究（填写教研申报书，参考"广东省高等教育教学研究和改革项目申请书"填写）。

F. 中山大学生命科学学院组织督导听课，最后由该学院综合评定。

（三）岗前培训相关内容

（1）登录学堂云平台 https://sysu.xuetangx.com/绑定身份和观看视频。登录学堂云平台后，在"我听的课"中找到"××年教师资格认定专项培训"课程，课程内容包括专项培训课程的教学现场视频、备考学习大纲等。完成中山大学教师在线学习课程，完成平台在线学习 60 学时。

（2）参加线下"两学"培训，学习高等教育学、高等教育心理学并考试。

第六条　培训考核

（1）新入职 1 年内的教师，完成新入职教师岗前培训、教师资格认定培训和考试，并获得高校教师资格证等上岗资质。

（2）新开课（含上新课、新上课）教师，完成新开课教师试讲考核后方能排课。

（3）教师教学培训学时要求。

A. 入职第 1 年至少参加 30 次教学培训活动，总计不少于 90 学时（含教务部组织的线上、线下培训学时）。包括新入职教师岗前培训、教师资格认定培训和教研实习（中山大学生命科学学院日常培训）。

B. 入职第 2 年至第 5 年，参加院系日常培训活动每年不少于 90 学时。

C. 入职 5 年后，参加院系日常培训活动每年不少于 180 学时。

第七条　支持与保障

（1）建立教师教学培训管理档案，逐步实现教师学习和培训管理的信息化、制度化。

（2）为教师教学培训提供经费支持，资助有助于教师教学能力发展的培训和研修项目，激发教师参与教师发展培训的积极性和主动性。

第八条　本细则经本单位 2021 年第 7 次党政联席会审议通过，自发布之日起执行。

第九条　本细则由本单位负责解释。

后 记

这是我主编的第一部专著,激动之情难以言表!

我向来热爱自然,热爱生物研究,对教学研究也有一定的认知。工作之余,我喜欢做宣传工作。例如,撰写新闻稿和教学动态相关文章,并获得中山大学"优秀教学信息员"奖。在假期中,我常常参与学生的野外实习活动,带拔尖班学生到公司实习,对生物学实践教学有一定的了解。此外,我经常参加全国性生物学会议,学习各高校的先进经验,并获得"优秀论文奖"2次,中山大学生命科学学院为此还鼓励过我。因此,我特别感谢中山大学相关领导和老师的辛勤培养。

常言道"竹:每攀登一步,都做一次小结"。不断总结,吸取教训,才能更好地成长。从事20多年的教学教务工作后,我积累了一些经验和想法。在中山大学和中山大学生命科学学院的大力支持下,我在做好本职工作的基础上,将教学管理成果汇集成书。本书共有17篇,囊括教学质量监控、实践教学、拔尖班管理、教师培训、学生培养、竞赛及招生等多方面的教学工作理论研究与实践。希望本书有助于相关管理部门和后来的工作人员进行生物科学类本科教育教学管理,也希望本书能为中山大学珍贵的教学发展历程留下记录,还希望本书能为即将进行的全国教学评估做准备。

本书付梓之前,中山大学生命科学学院领导和教师不吝给予宝贵意见,中山大学出版社邓子华编辑也提出不少修改建议,在此一并致谢!当然,本书的顺利出版离不开家人的鼓励和支持,在此我衷心感谢他们一如既往的付出和帮助。

附上哥哥发来的祝贺诗——《贺素敏〈生物科学类本科教育教学管理理论研究与实践〉专著出版发行》:

> 素著文章千里马,
> 敏明独妙叠瑰英。
> 教研景象规棱节,
> 务实祥风集大成。

囿于学识水平,加之时间仓促,本书难免存在不足,恳请读者批评指正。

何素敏

2023 年 6 月 28 日